在应用市场搜索
"TapADot-PlanetEarth"，
下载App。

1

2

打开App，
扫描页面，
找到红点。

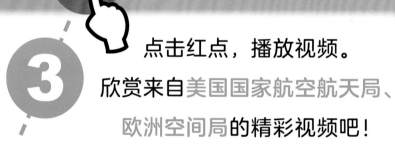

3 点击红点，播放视频。
欣赏来自美国国家航空航天局、
欧洲空间局的精彩视频吧！

呀！地球

[英] 马库斯·约翰逊 著

杨洁 译

外语教学与研究出版社
FOREIGN LANGUAGE TEACHING AND RESEARCH PRESS
北京 BEIJING

目录

一个漫长的故事

虽然在我们看来地球似乎没有变化，但其实它大约已经45.4亿岁了。地球是一个充满活力的星球。在这里，山脉隆起又逐渐被削平，冰河时代来临又消退，连大陆都在一边漂移一边改变着形状。这些巨大的变化发生得非常缓慢，一次变化的时间比人类的寿命还要长。地球如何运动？生命如何起源？地球上的变化是如何发生的？在过去的200年中，科学家们通过耐心地观察、计算和实验，找到了这些问题的答案。

背景图展示了美国大峡谷景观，峡谷有数千米深。如果沿着峡谷底部行走，那么你就可以看到20亿年前的沉积岩。陡峭的岩壁，层层叠叠的岩石，清晰地记录着地质年代。峡谷最顶部的岩层形成于古生代，最底部的岩层形成于前寒武纪。

地质年代

科学家们制定了一种划分地球漫长历史的方法，帮助人们更好地理解塑造地球的重大事件。在地质年代划分中，时间最长的类别被称为宙。整个地质年代可以被分为四个宙，分别为冥古宙、太古宙、元古宙和显生宙。前三个宙被统称为前寒武纪，是一个非常长的超级宙。显生宙被进一步划分为代、纪和世。具体的划分方法如下图所示。

测定地球的年龄

科学家们主要用两种方法测定地球的年龄。第一种是相对年龄测定法，主要利用现有的科学知识对地球形成的时间进行推测。第二种方法是放射性鉴年法，也是最准确的测定方法。许多岩石含有微量的放射性元素，这些放射性元素以已知的速度不断衰变，因此科学家们能够根据放射性元素的衰变规律精确地测定地球的年龄。

左上图为一名工作人员正在清洁猛犸象的牙齿，为测定年龄做准备。碳-14定年法已经广泛用于测定已死亡的动物或植物的年龄。

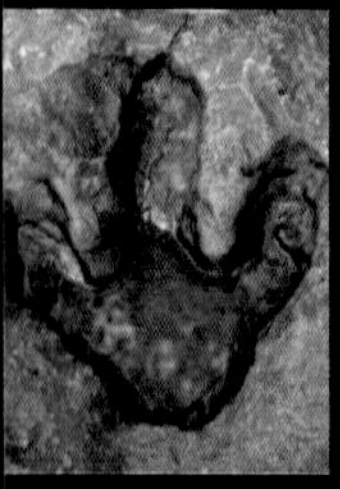

6

宙	前寒武纪			显生宙				
代	冥古宙	太古宙	元古宙	古生代				
纪				寒武纪	奥陶纪	志留纪	泥盆纪	石炭纪
世	45.4亿年前	38亿年前	26亿年前	5.41亿年前	4.85亿年前	4.44亿年前	4.19亿年前	3.59亿年前
	地球是一团熔融状态的物质。	地球温度下降，出现早期生命。	出现多细胞真核生物。	在浅海出现无脊椎动物，如水母、海绵和贝壳类动物。	海洋中出现大量的动物，如软体动物、海星等。	地球的温度保持稳定，陆地上出现植物。鱼类进化出上下颚。	鱼类在海洋生物中占据主宰地位。出现两栖动物和昆虫。	出现爬行动物和能够飞行的大型昆虫。两栖动物的种类变得多样化。

右图为三叶虫的化石。三叶虫是地球上最早出现的动物之一，它拥有坚硬的外壳。在过去的数百万年中，三叶虫是随处可见的普通动物，但是大约在3.59亿年前的泥盆纪末期，三叶虫突然灭绝了。

化石

一万年或更久以前的植物和动物所留下的遗体、遗物或遗迹被称为化石。科学家们通过化石推测，生命出现在大约38亿年前的海洋中。

动物死亡并逐渐被沉积物覆盖。

动物躯体中柔软的部分腐烂消失，只留下骨骼等坚硬的部分。

经过石化作用的动物躯体完全被沉积物覆盖。

由于土壤侵蚀或人类活动，化石露出地表。

人类世

最近，科学家们提出增加一个新的世。他们想把这个世称为人类世，意为这段时间内人类活动已经对整个地球产生了深刻影响。一些人认为人类世应该以工业革命为起点，但另一些人认为人类世的起点应当追溯到气候变化和环境污染显著的20世纪。

显生宙											
		中生代					新生代				
二叠纪	三叠纪	侏罗纪	白垩纪		第三纪					第四纪	
				古新世	始新世	渐新世	中新世	上新世	更新世	全新世	
2.99 亿年前	2.52 亿年前	2.01 亿年前	1.45 亿年前	6600 万年前	5600 万年前	3390 万年前	2300 万年前	530 万年前	260 万年前	1.2 万年前	
地球的陆地是一个超级大陆。出现松柏类树木和类哺乳动物的爬行动物。二叠纪末发生生物种大灭绝事件。	出现原始的恐龙、哺乳动物和鳄鱼。	恐龙盛行，出现原始鸟类和蜥蜴。超级大陆开始解体。	出现许多其他种类的昆虫和会开花的植物。到白垩纪末，陆地板块（除了今天的澳大利亚外）已经分裂为不同的大陆。	恐龙灭绝。出现原始灵长类动物。		出现灵长类动物。	出现最早的原始人类。		原始人类开始制造工具。	现代人类向全世界扩散。	

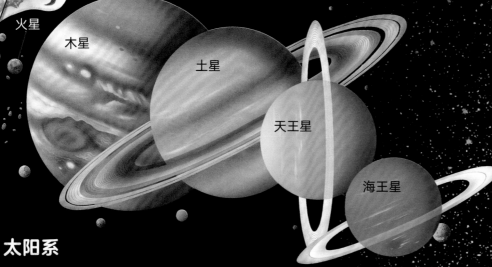

太阳
水星
金星
地球
你在这里
火星
木星
土星
天王星
海王星

太阳系

太阳是太阳系的中心。太阳通过强大的引力将行星和其他天体（如小行星和彗星）约束在一定的轨道上。太阳对地球至关重要，当太阳耗尽所有能量时，地球将不复存在。

我们在宇宙中的位置

我们在宇宙中并不孤单。地球是太阳系的行星之一。太阳系位于银河系向外伸展的旋臂上，是银河系众多的恒星系之一。整个宇宙又包含了许许多多个与银河系类似的星系。

地球的形成

地球大约形成于45.4亿年前。一般认为地球与太阳系中的其他天体都是由同一块旋转的充满尘埃和气体的星云演化而来的。地球刚诞生的时候，是一个炙热的球体。较重的物质沉向地球的中心；较轻的物质留在地球表面，逐渐冷却变硬，形成了坚硬的地壳。地壳上遍布的火山不断喷涌出气体和岩浆。气体集聚形成地球的大气层。水蒸气在高空中凝结成小水滴，以雨的形式落下，雨水集聚起来形成了广阔的海洋。

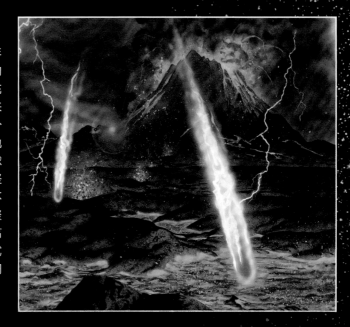

宇宙

宇宙诞生于约138亿年前的大爆炸，从诞生之初宇宙就在不断膨胀。数百万年来，充满气体和尘埃的星云聚集在一起，形成无数个庞大的、充满恒星的星系。今天，宇宙仍然在膨胀，今后的100亿年它还会继续膨胀，甚至永远膨胀下去。大爆炸是时间的开始，我们并不知道大爆炸发生之前的样子。

你在这里

上图是我们居住的星系——银河系。银河系的形状像一个旋涡，里面有约2,000亿颗像太阳一样的恒星。

恒星

地球上的一切都源于恒星，甚至连我们也源于恒星。恒星有很长的寿命，恒星的演化需要经历不同的阶段。除了在宇宙大爆炸时产生的三个最轻的元素（氢，氦和锂），其余的所有元素都是在恒星演化的过程中产生的。

四季

地球是以一定角度倾斜的。当地球围绕太阳运行时，这种倾斜使地球有了四季。当地球的北极倾向太阳时，北半球是夏季，南半球是冬季。赤道上或赤道附近的国家全年气候炎热。

月球

地球形成后不久就与一颗较小的行星相撞。这次碰撞威力巨大，较小的行星被撞成了碎片。受万有引力的影响，这些碎片被吸引到环绕地球的轨道上，形成了一个环。碎片渐渐地聚集在一起，最终形成月球。

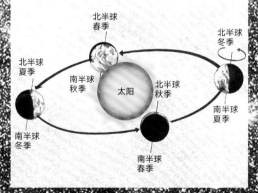

在月球和太阳引力作用下，海水会产生周期性的涨落现象。

白昼和黑夜

地球是一个不透明的球体，在任何时刻，太阳光只能照亮地球的一半。被太阳照亮的半球是白昼，未被太阳照亮的半球是黑夜。地球不停地自转，昼夜不断更替。

一层又一层

世界上最深的矿井位于南非，矿井深度达4,000多米。每天早晨矿工们乘坐升降梯去上班，即便坐着世界上速度最快的电梯，他们也要花费10分钟才能到达矿底。从地表到地球中心的距离大约是6,371千米，不过地球中心非常炽热，人们无法到达那里。

大气

包围着地球的空气被称为大气。大气可以保护地球不受太空真空环境的影响，为地球上的生物提供适宜的生存环境。

地壳

与其他层相比，地壳是最薄的一层。地壳相对较厚的地方在山脉下面。地壳分为在海洋下相对较薄的海洋地壳和在陆地下相对较厚的大陆地壳。大陆地壳只有一小部分能露出海面，这就是人们看到的陆地。

10

大陆地壳（a）形成较早且较厚，最厚可达70千米。海洋地壳（b）质地较为疏松，相对较薄，厚度通常在5～10千米之间。

地震波

我们无法直接看到地球内部，科学家们通过研究地震波了解了地球的结构。地震波是由地震或大规模的爆炸产生的。地震波按传播方式分为三种类型：纵波、横波和面波。

地幔

地幔占地球总体积的80%，是最厚的层。地幔可分为上地幔和下地幔，它们被过渡带分开。上地幔的顶部温度较低，因此比较坚硬，底部是固体和熔岩的混合物。下地幔由坚硬的岩石组成，这里的温度高到足以使岩石熔化，但巨大的压力使岩石仍然保持固体状态。

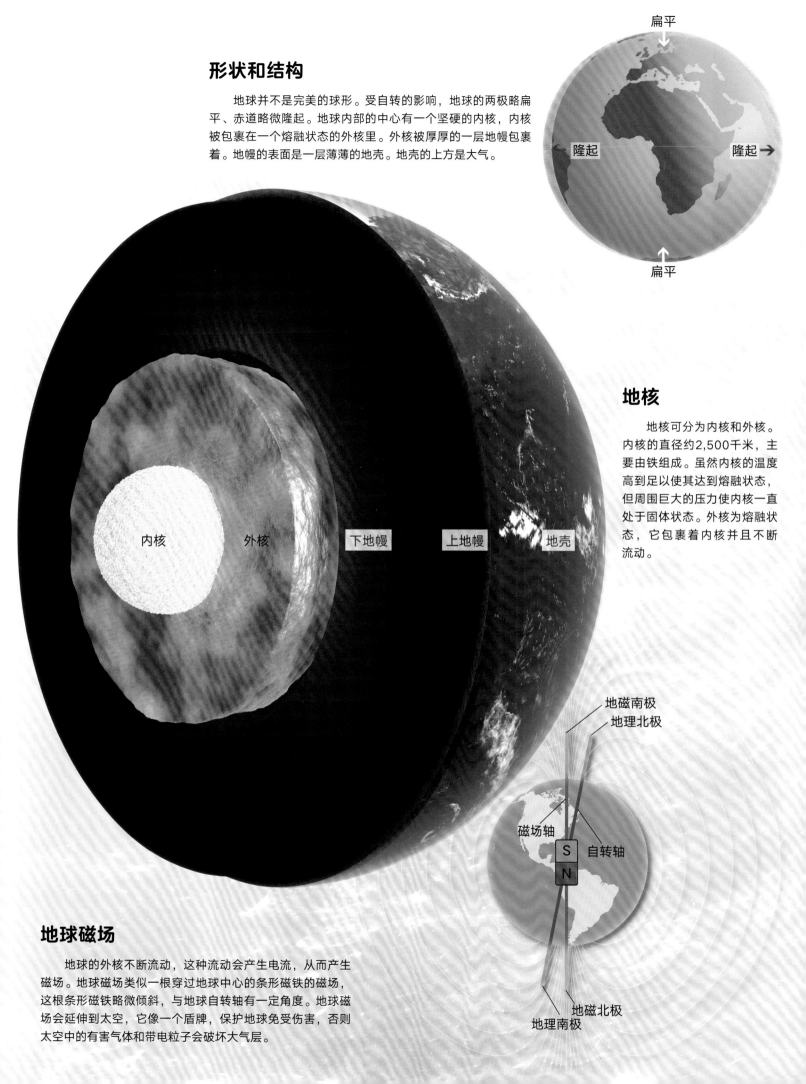

形状和结构

　　地球并不是完美的球形。受自转的影响，地球的两极略扁平、赤道略微隆起。地球内部的中心有一个坚硬的内核，内核被包裹在一个熔融状态的外核里。外核被厚厚的一层地幔包裹着。地幔的表面是一层薄薄的地壳。地壳的上方是大气。

扁平

隆起　　　　　　　　　　隆起

扁平

地核

　　地核可分为内核和外核。内核的直径约2,500千米，主要由铁组成。虽然内核的温度高到足以使其达到熔融状态，但周围巨大的压力使内核一直处于固体状态。外核为熔融状态，它包裹着内核并且不断流动。

内核　　外核　　下地幔　　上地幔　　地壳

地磁南极
地理北极

磁场轴　　　　自转轴

S
N

地球磁场

　　地球的外核不断流动，这种流动会产生电流，从而产生磁场。地球磁场类似一根穿过地球中心的条形磁铁的磁场，这根条形磁铁略微倾斜，与地球自转轴有一定角度。地球磁场会延伸到太空，它像一个盾牌，保护地球免受伤害，否则太空中的有害气体和带电粒子会破坏大气层。

地磁北极
地理南极

地球的基石

矿物是组成地球的基石，它们以许多不同的方式组合形成岩石，岩石又构成了地球表面坚固的地壳。岩石的类型多种多样，有些岩石已经有超过40亿年的历史了。大陆地壳没有被海洋覆盖的部分被称为陆地，陆地表面有一层可供植物生长的土壤。

背景图展示的是带状玛瑙的横截面，这令人太不可思议了！

上图为纳米比亚的戈巴陨铁，它是迄今为止发现的最大的陨铁。

陨石

陨石是从太空坠落到地球的含有石头和铁的物体。它们通常体积较小，但会产生较大的破坏力。

矿物是什么？

矿物是由地质作用形成的天然的、坚硬的物质。矿物通常具有固定的化学成分、原子排列规则和性质，是组成岩石和矿石的基本单元。迄今为止，云母、橄榄石、长石、角闪石和辉石等硅酸盐矿物是最常见的矿物，它们占整个地壳的90%以上。

金是一种质地柔软的亮黄色金属。人们通常认为它具有极高的价值。

铑是最稀有和最贵重的金属之一。

钻石是最硬的矿物，它的熔点是所有物质中最高的。

长石在地壳中的比例高达60%，它有各式各样的品种。

磁铁矿是一种黑色、有光泽的铁矿物。它像磁铁一样具有磁性。

紫水晶是一种紫罗兰色的石英，常用于制作珠宝首饰。

上图为数百年前制作的皇冠，上面镶满了珍贵的宝石。

宝石

经过抛光和切割制成珠宝的矿物被称为宝石。只有钻石、蓝宝石、红宝石和绿宝石被认为是珍贵的宝石，其他宝石都被认为是半宝石。并非所有的宝石都是矿物。例如，琥珀是由树脂石化形成的，它是一种宝石，而不是矿物。

矿石

有些岩石含有铁或铜等金属矿物，其金属含量多到足以让人们开采、加工并出售，这就是人们所说的矿石。

图为铁矿石。

土壤

　　大部分地球表面都覆盖着一层薄薄的土壤。土壤是由岩石沉积物和腐殖质组成的复杂的混合物。土壤有许多不同的类型，土壤颗粒有粗有细，粗细程度取决于形成土壤的岩石种类以及当地的气候特点。

腐殖质层

表土层

底土层

母质层

基岩层

随着土壤的老化，地面下会形成一系列土壤层。你可以从图中看到肥沃牧场下面的土壤层。

左图：沉积岩是地壳岩石经过风化后沉积而成的，多呈层状。沉积岩中常夹有生物化石。

岩石

　　岩石是构成地壳的主要物质。岩石十分坚硬，是由多种矿物组成的。地球表面的岩石有些呈现出破碎的状态，如巨砾、小石块等；有些是仍然附着在地壳上的固体基岩。岩石主要分为火成岩、沉积岩和变质岩三类。

上图：火成岩是由地球内部的熔融岩浆冷却变硬形成的。你可以从图中看到新岩浆的尖端呈熔融状态。这股新岩浆周围，是呈黑色的已经冷却变硬的岩浆。

右图：岩石在极端高温高压下，性质和成分会发生改变，形成的新岩石称为变质岩。

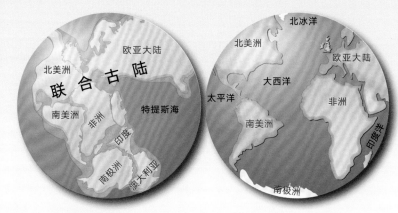

左边的地图展示的是2亿年前的联合古陆，这是恐龙第一次成为地球统治者的时期。右边的地图展示的是今天的大陆。

一幅巨大的拼图

由岩石组成的地壳并不是整体一块，而是由面积不等的岩石块拼合而成。科学家们称这些岩石块为构造板块。总体来说，地壳可以分为七大板块和若干块小板块。这些板块一直在移动，但并不总是朝着相同的方向移动。当它们四处漂移时，板块会相向撞击、相背离开或者相互滑动。板块边界通常形成的地貌有裂谷、海洋、海沟和山脉。

大陆漂移

几个世纪以来，数位不同的思想家都提出了大陆可能在移动的理论。1912年，阿尔弗雷德·韦格纳注意到，如果你把大陆推到一起，它们就会像一幅巨大的拼图一样。但多年来他的理论一直得不到认可，直到地质学家对地球结构有了更科学的认识。现在大陆漂移学说拥有绝对优势，人们在不同的大陆海岸附近发现了类似的植物和动物化石，这说明现在分隔很远的大陆曾经连接在一起。

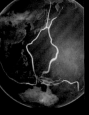

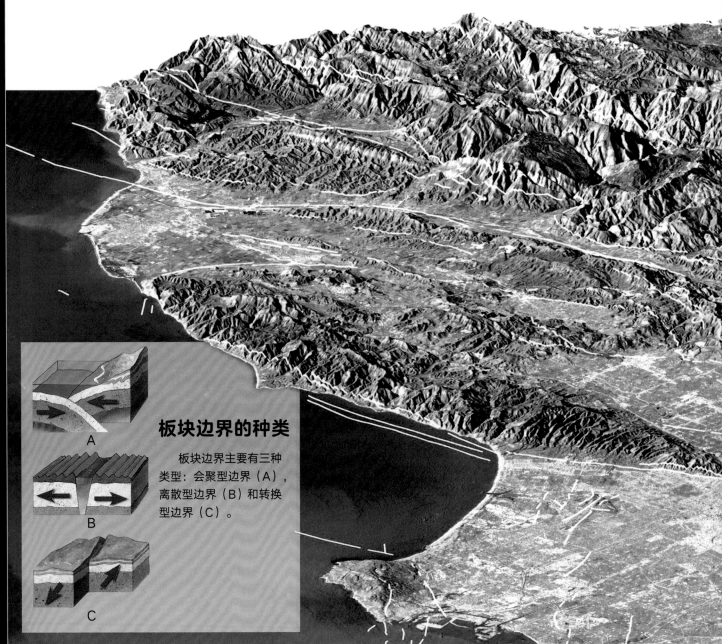

板块边界的种类

板块边界主要有三种类型：会聚型边界（A），离散型边界（B）和转换型边界（C）。

世界板块分布图

七大板块覆盖了约95%的地球表面积。其中最大的板块是太平洋板块，它的主体位于太平洋中。

岩石圈由地壳和上地幔顶部组成。岩石圈下面是软流圈，软流圈是上地幔的一部分。

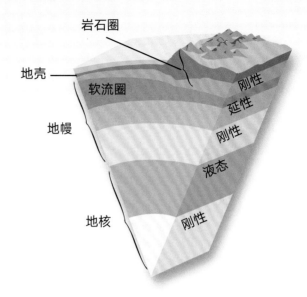

圣安德烈亚斯断层

背景图是由一颗卫星拍摄的，显示的是美国加利福尼亚州的洛杉矶。该地居民大多住在靠近海边的平原和山脉之间的山谷中。照片上的白线表示断层。斜跨本页的巨大断层是圣安德烈亚斯断层，它是加利福尼亚州最大的断层。这条断层在加利福尼亚州境内延绵约1,200千米，处于太平洋板块和北美洲板块的交界处。

潜水器

　　因为这些小型的潜水器，我们对海洋有了更多的了解。潜水器分为载人潜水器和水下机器人（左图），它们由水面船只搭载。人们曾利用潜水器探测过马里亚纳海沟。

马里亚纳海沟深度约为11,000米，是地球上最深的海沟。

北太平洋
马里亚纳
海沟
南太平洋

大陆架

海山和平顶海山

　　海山是从海底隆起但没有露出海面的山。平顶海山是顶部平坦、规模巨大的海山。

平顶海山

海山

大洋中脊

热泉

热泉

　　在海洋底部的地壳上有一些小洞，岩浆从小洞喷出，形成了热泉。岩浆在水下冷却聚集形成山峰。有些山峰长得很高，甚至高出海平面，则成为了岛屿，夏威夷群岛就是这样形成的。

海底

　　很长一段时间，人们对月球表面的了解比海底更多。因为月球是可以看到的，而海底藏在深深的海水下面。上个世纪，人们发明的声呐技术可以将声音从海底反射回来，用于测量距离。海洋学家依据该技术终于绘制出了海底地图。他们发现海底有广阔的平原、高大壮观的山脉、深不见底的海沟，还有火山和海山。

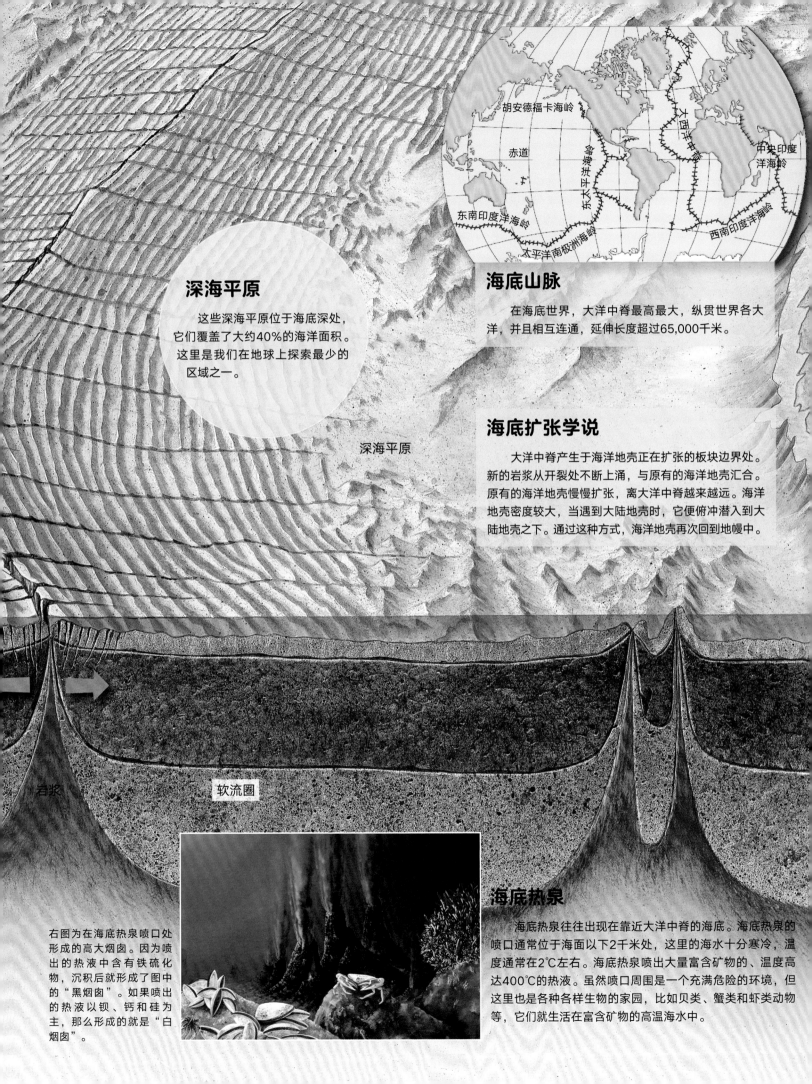

深海平原

这些深海平原位于海底深处，它们覆盖了大约40%的海洋面积。这里是我们在地球上探索最少的区域之一。

深海平原

海底山脉

在海底世界，大洋中脊最高最大，纵贯世界各大洋，并且相互连通，延伸长度超过65,000千米。

海底扩张学说

大洋中脊产生于海洋地壳正在扩张的板块边界处。新的岩浆从开裂处不断上涌，与原有的海洋地壳汇合。原有的海洋地壳慢慢扩张，离大洋中脊越来越远。海洋地壳密度较大，当遇到大陆地壳时，它便俯冲潜入到大陆地壳之下。通过这种方式，海洋地壳再次回到地幔中。

胡安德福卡海岭
赤道
东南印度洋海岭
东太平洋海岭
大西洋中脊
太平洋南极洲海岭
中央印度洋海岭
西南印度洋海岭

岩浆

软流圈

右图为在海底热泉喷口处形成的高大烟囱。因为喷出的热液中含有铁硫化物，沉积后就形成了图中的"黑烟囱"。如果喷出的热液以钡、钙和硅为主，那么形成的就是"白烟囱"。

海底热泉

海底热泉往往出现在靠近大洋中脊的海底。海底热泉的喷口通常位于海面以下2千米处，这里的海水十分寒冷，温度通常在2℃左右。海底热泉喷出大量富含矿物的、温度高达400℃的热液。虽然喷口周围是一个充满危险的环境，但这里也是各种各样生物的家园，比如贝类、蟹类和虾类动物等，它们就生活在富含矿物的高温海水中。

不断变化的地球外貌

陆地上大部分的自然景观都是由岩石构成的。在我们看来，岩石非常坚固，似乎永远都不会变化，但暴露在外的岩石受到许多不同作用的影响，会产生裂隙，慢慢破碎。在数千年甚至数百万年的时间里，风化和侵蚀的力量能够移动山峰，缓慢地改变地球的外貌。

薄饼岩

背景图展示的是新西兰普纳凯基的薄饼岩。大约3,000万年前，在当时海平面下约2千米深的海洋底部，海洋生物死亡后的微小碎片逐渐沉积，巨大的水压将微小碎片压成软硬相间的多层岩石。地震的作用逐渐将岩石抬升到海平面以上，风、海水和呈弱酸性的雨共同将岩石塑造成我们今天看到的薄饼状。这些岩石已经被严重侵蚀，并将在几百年内完全消失。

堆积作用

风化和侵蚀产生的沉积物被风或水搬运到其他地方逐渐堆积起来，便形成河流三角洲等景观。经过长时间的堆积，泥沙、砾石等物质通过沉积作用固结变硬，就形成了新的岩石。

冰川融化和消退后，遗留下许多岩石碎屑。这些碎屑物堆积固结形成冰碛，水在冰碛的后面形成一个湖，就像右图中位于加拿大艾伯塔省的这个湖一样。

化学风化

地壳表面岩石在水及水溶液的作用下会发生化学分解，此过程被称为化学风化。例如岩石暴露在酸雨中，岩石中的矿物就会溶解。化学风化往往发生在温暖潮湿的区域，尤其是在有大量降雨的地区。

上图中的石灰岩因受酸雨的影响而发生缓慢溶解。

上图：南极的岩石被几种类型的地衣覆盖。

生物破坏

岩石也会被生长在岩石上的生物所破坏，例如地衣。地衣产生的酸可以溶解岩石中的一些矿物，岩石被逐渐分解形成土壤。事实上，所有的植物都会释放破坏岩石的酸性物质。

压力和热量

被顶出地面的岩石往往会产生裂隙，微小的裂隙会被水填满。水冻结后体积膨胀，导致裂隙变大。水不断的冻结和融化，无数次这样的循环最终导致岩石破碎。沙漠里白天高温炎热，夜晚极度寒冷，温度的极端变化也会导致岩石的破碎。

图为产生裂隙的岩石。

上图为布赖斯峡谷又高又细的尖顶石灰岩。这些石灰岩质地很软，雨水以及渗入岩石中的不断冻结和融化的水共同雕刻出了这种奇怪的形状，因此这些岩石也被称为奇形岩。

侵蚀

破碎的岩石和松散的土壤会被风、水或冰的作用侵蚀掉。流动的水携带岩石碎屑等物质穿越山地平原流向大海。河流在陆地上切割出河道，随着时间的推移逐渐形成了峡谷。

不安全的地表

一些地质事件会迅速改变地表的景观。如果受到地震活动的干扰，陡峭的悬崖可能会突然崩塌，看似稳固的山坡在暴雨之后可能会发生意外滑坡。地震、火山爆发和暴雨是引起地球表面突然大规模运动的三个常见因素，它们会对环境产生极大的破坏，影响着人类的生命安全。

陨石撞击

每年地球都会受到来自太空的成千上万颗陨石的撞击。这些陨石中大多数体积都很小，以至于没有被人们注意到。只有少数陨石体积非常大，大到它们的撞击会给人们带来灾难。2013年2月，俄罗斯车里雅宾斯克州发生陨石坠落事件。这颗巨大的陨石大小相当于一座6层楼的建筑，它在距离地面24千米处发生爆炸。这次爆炸的威力大约是原子弹的25倍，爆炸产生的冲击波导致1,600人受伤。在过去，陨石撞击的巨大破坏力被认为是引发大规模物种灭绝的原因，例如白垩纪末期的恐龙灭绝。南非的弗里德堡陨石坑是目前已知的世界上最大的陨石坑。它形成于20.2亿年前，最初直径为300千米。

流星体是彗星或小行星的岩石碎片。进入地球大气层后的流星被称为流星。大约95%的流星穿过地球大气层时会燃烧殆尽，成为一个火球。撞击到地面的未燃烧完的流星称为陨石。

当体积较大的陨石撞击地面时，会产生壮观的陨石坑。图为美国亚利桑那州沙漠中巨大的陨石坑。地球上目前已知的大型陨石坑有170个左右。

雪崩

雪崩发生在山区，往往由一系列因素触发。雪融化的时候很容易引起湿雪崩，这时的积雪中含有少量的空气和较多的水。湿雪崩发生时，积雪以每小时近30千米的速度顺着山坡下滑，沿路卷起岩石和植被。若积雪中含有大量空气，比较干燥，像粉尘一样，这时发生的雪崩则被称为干雪崩。当干雪崩发生时，积雪以每小时近250千米的速度滑下山坡。湿雪崩和干雪崩都会对环境造成巨大的破坏。

滑坡

　　滑坡是指地表斜坡上大量的土石整体下滑的自然现象。重力是土石沿坡面下滑的主要原因，但是只有当固定土石的力量被削弱或受到冲击时，重力作用才会显现出来。地震、火山爆发、暴雨和人类活动（如采矿，将树木从疏松的山坡上移走，在山坡上修建房子）都会导致滑坡。

秘鲁库斯科附近巨大的山体滑坡。

水

我们的世界是一个水的世界。地球表面三分之二以上都被液态水覆盖，主要是被海洋覆盖。如果算上地球上冰冻的部分（水以冰的形式存在），那么地球的五分之四都被水覆盖。水存在于空气、河流、湖泊、土壤以及地下含水层中。人类和其他生物体内也有很多水。

地球上所有的水

海洋
96.5%

淡水 2.5%　　其他咸水 0.9%

地表水/其他淡水 1.2%

淡水

冰川和冰盖 68.7%	地下水 30.1%

地表水

地下冰和永冻土 69.0%	湖泊水 20.9%

大气水 3.0%

土壤水 3.8%
沼泽水和湿地水 2.6%
河流水 0.49%
生物水 0.26%

生命的必需品

水是地球上最重要的物质之一，所有形式的生命都需要水才能生存。科学家们认为生命诞生于水中。液态水能够溶解多种物质，正是因为这样，水中能够发生各种奇妙的化学反应，使得生命的诞生成为可能。

你身体里60%以上是水，大脑里85%是水！成年人每天至少需要饮用2升水才能维持身体的正常运转。有些生物体内的水更多，例如水母，它体内98%都是水。

水是什么？

纯净的水没有颜色、味道和气味。它以三种不同的形态存在于地球上：固态（冰）、液态（水）和气态（水蒸气）。水由氢和氧两种元素组成，化学式为H_2O。每个水分子由两个氢原子与一个氧原子构成。

咸水

地球上大约97.5%的水都是咸水，咸水主要集中在海洋中。平均每千克海水含有约35克的溶解盐。陆地上还有一些咸水湖，例如里海和死海。虽然它们的名字里有海，但它其实是湖泊。流入湖中的水无法排出，湖水蒸发使盐在湖泊里沉积，随着时间的推移，湖水变得越来越咸，就形成了咸水湖。

死海中的含盐量几乎是海洋的10倍。水中溶解的盐越多，其密度就越大。死海中的水非常咸，游泳者可以漂浮在水面上。

水资源

　　水是宝贵的自然资源。我们每天都在使用水，例如饮用、洗涤、烹饪。在欧洲和北美洲，平均每人每天至少要使用150升水。淡水资源在世界各地分布不均匀，而且正在不断减少。随着世界人口的增长，水资源将越来越短缺。

全世界大约60％的淡水被农民用来灌溉农田。

水循环

　　水一直都在流动。多亏了水循环，地球上的水可以源源不断地从一个地方流动到另一个地方，从一种形态转化为另一种形态。水循环包括蒸发、降水等环节。液态水蒸发变成水蒸气，水蒸气上升到高空，遇冷凝结成细小的水滴或冰晶，这就是我们看到的云。水滴或冰晶不断变大，以雨、雪或冰雹的形式降落到地面。降落到地面上的水会再次蒸发，继续这个永不停歇的循环。

水从河流和湖泊中蒸发，以水蒸气的形式上升。

水以降雨或降雪的形式回到陆地。

云将水带到陆地上。

水蒸气凝结，形成云。

水沿着河流一路向下，汇入海里。

水渗入地下，流向大海。

水从海洋中蒸发，以水蒸气的形式上升。

水被保存在海洋里。

生命的脉动

据我们所知，地球是宇宙中唯一存在生命的地方。一些系外行星似乎有适合生命生存的环境，但科学家们尚未发现任何生命存在的迹象。生命初次诞生在地球上的时间是38亿年前，在地球诞生后不算很久的时候，也是在海洋刚形成不久的时候。科学家们认为生命可能起源于海底，在靠近热泉喷口的地方。

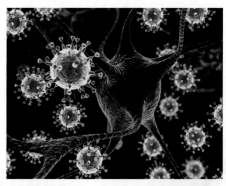

图中的这些病毒没有细胞结构。如果离开宿主细胞，它们无法独立完成繁殖。

什么是生命？

动物和植物是不是活着，我们很容易看得出来，但是我们很难知道那些微小的有机体是否活着。什么是生命？科学家们通常是这样定义的：具有生命的生物是由活细胞组成的并且可以新陈代谢，能够转化能量以维持其细胞的生存。生物会生长并适应周边的环境条件，最终也会死亡。最后，一个有生命的有机体可以不依靠外界完成繁殖。

下图为澳大利亚西部忒提斯湖的叠层石。叠层石是沉积物一层一层堆积形成的岩石，是随着蓝藻的生长形成的。蓝藻是一种利用光合作用产生氧气的单细胞生物。叠层石是证明地球上最古老生命的化石。

大氧化事件

大氧化事件是指地球大气中氧气含量突然增多的事件。有人认为是海藻类植物进行光合作用导致地球上的氧气含量迅速增加。氧气的产生和累积花了很长时间，大约从30亿年前一直到10亿年前。大氧化事件杀死了大部分不能在氧气中生存的生物，创造了我们所知的这种环境——大多数生物需要氧气才能生存。

生物界

地球上有许多不同的生命形式，科学家们通常将生物界分为五类。

真菌界

长期以来，真菌被认为是植物。但真菌没有叶绿素，无法像植物一样通过光合作用制造能量。科学家们现在把真菌划分为一个单独的生物界。

植物界

植物界包括乔木、灌木、草还有一些藻类等。植物利用太阳光进行光合作用，制造所需的能量。只要有足够的阳光和水，植物几乎可以在任何地方生长。

动物界

动物界包括数百万种动物，是生物界中最大的一类。动物是具有细胞核（真核细胞）的多细胞生物。与植物不同，动物自身不能制造能量，它们需要通过进食获得能量。

原生生物界

虽然原生生物具有细胞核（真核细胞），但是它们与其他生物界的生物并不相同。大多数原生生物只由一个细胞组成，但其他生物如藻类或海草则由许多细胞组成。

原核生物界

原核生物的细胞都不含细胞核（原核细胞）。它们是非常简单的生物，几乎都由一个细胞组成，例如细菌。原核生物是很常见的生物。

生物群落

在地球漫长的历史进程中，植物和动物占据了地球的每个角落。居住在一定区域内各种生物种群的集合被称为生物群落。每个区域都有特定的气候条件，生活在那里的动植物有特殊的适应能力来帮助它们生存。

世界生物群落分布图

- 极地
- 副极地
- 冷温带
- 山地
- 温带
- 热带
- 亚热带
- 沙漠
- 海洋

自然的困境

没有人知道地球上究竟有多少种不同类型的动物和植物。到目前为止，人们已经发现并记载了大约150万种生物。科学家们对地球物种种类的预估相差很大，有人认为约200万种，也有人认为约20亿种。但科学家们能够确定的是，物种的数量正在迅速减少，而减少的主要原因是人类活动。

你能为地球做什么？

我们的很多行为都能帮助地球维持活力。例如搭乘公交车、节约用水、给垃圾分类等。在行动之前，你可以先通过阅读，了解地球所面临的问题，思考如何才能提供帮助。

海洋变暖前的珊瑚礁

狮子的足迹在哪里？

地图上的黄色区域是狮子曾经的栖息地，红色区域是狮子现在的栖息地。

物种入侵

生态系统微妙的平衡往往容易被非本地物种的引入打破。新物种并不一定是凶恶的，它只是会扰乱当地原有的生态平衡。例如，19世纪欧洲兔子被引入美洲和澳大利亚。兔子繁殖速度很快，它们吃得太多，把许多本土植物和动物推向灭绝的边缘。

过度开发

过度开发是指人类捕杀野生物种的速度比野生物种自我更替的速度还要快。过度开发是全球生物多样性面临的主要威胁。一些人通过偷猎和野生动物非法贸易获得动物的肉、毛皮等，这样的行为使许多动物濒临灭绝。

物种大灭绝

大量物种在短时间内集体消失，这种情况被称为大灭绝。在地球的历史上至少发生过5次物种大灭绝。最后一次大灭绝发生在6,600万年前，当时地球上76%的物种（包括恐龙）都消失了。科学家们认为，我们现在正处于第6次大灭绝中，这是由人口过剩和人类过度消费引起的。

有人认为将犀牛角研磨成粉，可以治愈一系列疾病。实际上，犀牛角是由角蛋白构成的，就像人的指甲一样，没有任何药用价值。可悲的是，就因为这种说法，犀牛已经被猎杀到了灭绝的边缘。

气候变化

　　由人类活动引起的气候变化与动植物的灭绝有着密切的联系。随着全球变暖，冰川开始融化，这不仅破坏了北极熊等动物的栖息地，还导致海平面上升和海水温度升高。珊瑚和海藻原本是共生关系，珊瑚为海藻提供二氧化碳，海藻通过光合作用为珊瑚提供营养物质。海水温度仅升高1℃，会直接引发海藻的离开，导致珊瑚白化。珊瑚礁生态系统中微妙的平衡会被海洋变暖打破。科学家们担心珊瑚礁无法适应气候的变化。

海洋变暖后的珊瑚礁

生物多样性

　　生物多样性是指生物类群层次结构和功能的多样性。数量庞大的物种对地球的健康很重要。物种之间彼此依赖，共同维持世界上各种生态系统的健康和平衡。

森林砍伐

　　森林覆盖了地球近三分之一的陆地面积。它们有很多好处：森林能吸收二氧化碳，产生氧气；森林还是植物和动物的家园。每年地球上超过700万平方千米的森林被砍伐。如果按照目前的砍伐速度继续下去，在不到100年的时间里，热带雨林就会消失殆尽。

　　人们可以选择性地砍伐森林，留下足够多的树木供森林恢复生长。但人们通常会将一片土地上所有的树木都砍掉，这使得原本居住在森林里的动物无家可归。

污染

　　从燃烧化石燃料到每年向海洋倾倒800多万吨塑料，我们正在用多种方式污染世界。由化石燃料燃烧产生的酸雨会酸化小范围内的水和土壤，这会改变动物的繁殖规律和饮食习惯。一些动物，例如海龟，会误食塑料而死亡。污染破坏了地球上的许多生态系统，对动物造成极大的危害。

火环

世界上大约90%的地震发生在一个大型马蹄形盆地的边缘，这条环绕太平洋一圈的边缘地带长约4万千米，它被称为火环。这里集中了452座火山，约占地球火山总数的四分之三。

火环

火环环绕太平洋一圈，因此它也被称为环太平洋带。

地球在震动

地震最常发生在构造板块的边缘，因为板块不断在运动。当板块互相碰撞或挤压时，某些区域的压力会逐渐增大，直到地壳震动释放出多余的能量。每年地球都会发生一百万次以上的地震。

预测地震

地震是最严重的自然灾害之一。与风暴或火山爆发不同，地震通常在没有预兆的情况下发生，人们没有时间逃脱。预测地震很困难，但科学家们正在努力寻找完美的方法来预测地震发生的时间。与此同时，科学家们也将重点放在提高建筑物抗震性能的研究上。

测量地震

地震发生在地表以下，科学家们使用地震仪测量震动的强度。地震仪可以告诉人们地震发生的时间、震中、震源深度和地震断层的类型，它还可以估算地震释放的具体能量。地震的震级或大小用里氏震级表示。

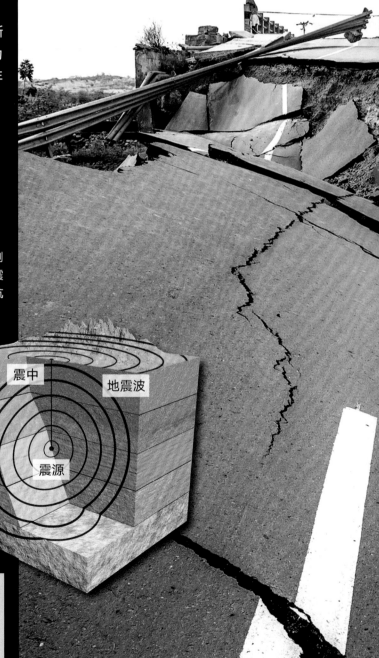

震中　地震波

震源

地震的震源通常位于地壳深处。震中是地震中心正上方的表面区域。

震级	地震效应	预计每年发生的次数
2.5以下	人们通常感觉不到，但地震仪会记录下来。	900,000
2.5至5.4	人们通常能感觉到，仅能造成微小的破坏。	30,000
5.5至6.0	对建筑物和其他设施造成轻微的破坏。	500
6.1至6.9	可能在人口稠密地区造成较大的破坏。	100
7.0至7.9	大地震，造成严重的破坏。	20
8.0以上	特大地震，能彻底摧毁震中附近的居民区。	5~10年发生一次

地震发生在人口密集的地方时，会给人类带来巨大的灾难，造成大量的财产损失和人员伤亡。

泛美金字塔是旧金山一座48层的摩天大楼。这座建筑经过了精心的防震设计。1989年洛马普列塔发生了6.9级地震，大楼塔尖的左右摇摆幅度接近0.3米，但大楼仍然完好无损。

海啸

　　海啸通常是由海底地震引起的，表现为一系列巨大的海浪。当海浪到达岸边时会造成巨大的破坏。海啸通常被称为潮汐波，但这是不正确的。因为巨浪不是由潮汐引起的，而是由海底发生的地震或火山爆发产生的地震波引起的。

地震引发海啸　　　　海啸撞击海岸

地球内部的火

大多数火山发生在地球表面的裂缝附近，也就是构造板块相遇处或地壳薄的地方。火山喷发时，会喷出熔岩和有毒气体，破坏力很大。火山有时会持续喷发数月甚至数年。火山喷发会释放出地球内部积聚的压力，起到安全阀的作用。

图为夏威夷比格艾兰岛的火山，火山喷发出的熔岩正流入太平洋。

喷气孔

间歇泉

裂隙式火山

地下热水

火山的类型

火山有许多不同的类型。复合火山（A）很高而且呈圆锥形。它们喷发出流动的熔岩。火山渣堆成的锥形火山（B）较小，会喷发出质地疏松的熔岩。盾形火山（C）有宽阔的圆顶，看起来像战士的盾牌。裂隙式火山（D）相当平坦，但它们的破坏力很强。历史上最大的熔岩喷发事件之一发生在冰岛的拉基火山。拉基火山从1783年6月喷发，一直持续到1784年2月，共计喷出12.3立方千米的熔岩。

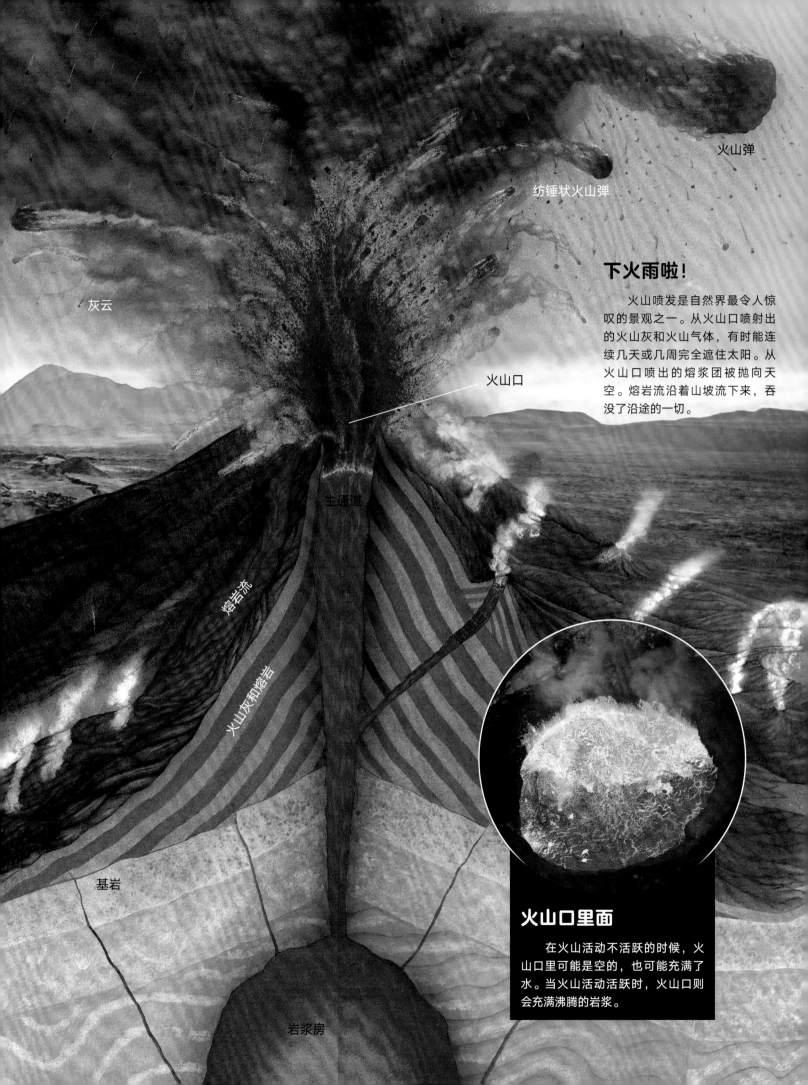

火山弹

纺锤状火山弹

灰云

火山口

主通道

熔岩流

火山灰和熔岩

侧通道

基岩

岩浆房

下火雨啦！

火山喷发是自然界最令人惊叹的景观之一。从火山口喷射出的火山灰和火山气体，有时能连续几天或几周完全遮住太阳。从火山口喷出的熔浆团被抛向天空。熔岩流沿着山坡流下来，吞没了沿途的一切。

火山口里面

在火山活动不活跃的时候，火山口里可能是空的，也可能充满了水。当火山活动活跃时，火山口则会充满沸腾的岩浆。

最高的地方

山脉是指成行列的群山。它们高高隆起，比周围的地面高出很多。山脉常常形成于构造板块的交界处。构造板块的运动非常缓慢，可能需要数百万年才会形成山脉。山峰是山脉突出的尖顶。珠穆朗玛峰（第33页右上图）是喜马拉雅山脉的主峰，同时也是世界最高峰，海拔8,848米。

山脉的类型

山脉主要有四种类型：褶皱山、火山、断块山和冠状山。

板块之间相互挤压，岩层被折叠和扭曲，就会形成褶皱山。喜马拉雅山脉是褶皱山的典型代表。

当来自地幔的岩浆涌出地壳的裂缝时，就会形成火山。岩浆到达地表后会慢慢冷却凝固，于是锥形火山或更宽的盾形火山便形成了。日本的富士山是火山的典型代表。

断块山形成于地壳的断层处。由于构造板块的持续运动，地壳断裂成非常大的岩石块，这些岩石块被称为地块。地块之间水平滑动时会形成裂谷。东非大裂谷就是断块山的典型代表。

冠状山，也被称为穹形山。冠状山的形成是因为有大量的岩浆从下向上推动地壳。这股力量使地壳岩层向上隆起，高出地平面。美国的阿迪朗达克山脉就是冠状山的典型代表。

山地气候

山顶比山底冷得多。从山底向上每爬高100米，气温会下降0.6℃，这就是你爬山时见到生物群落发生变化的原因。在较矮的山坡上可能生长着落叶林，在较高的山坡上可能生长着针叶林。到了一定的高度，树木就不再生长，山上只有像苔原一样的植被。高山的山顶通常是坚硬的岩石，没有任何植物生长。这里的空气稀薄，氧分子更加分散，使得你连呼吸都困难。

背景图展示了多洛米蒂山的景观，多洛米蒂山是欧洲阿尔卑斯山脉的一部分。阿尔卑斯山脉是欧洲最大的山脉，它是在大约9亿年前非洲板块和欧亚板块相撞时形成的。

哪座山峰最高？

珠穆朗玛峰真的是世界上最高的山峰吗？可以说是，也可以说不是。如果你从海平面测量，珠穆朗玛峰最高。但如果你从地球中心测量，厄瓜多尔的钦博拉索山的山顶到地球中心的距离为6,384千米，而珠穆朗玛峰的山顶到地球中心的距离为6,382千米。这样来看，钦博拉索山比珠穆朗玛峰还要高出2千米。

侵蚀

山不会永远存在。形成它们的土和石不断被风化和侵蚀削弱。暴雨、冰雪和沿着山坡流下的水会慢慢地将山削平。强风卷起沙尘，拍打着岩石，慢慢地将山磨平。温度的极端变化使岩石破碎。岩崩、雪崩和山体滑坡也会侵蚀山坡。经过百万年的侵蚀，即使是最高的山也会被磨平。

上图是澳大利亚西部的哈默斯利山脉，它已经34亿岁了，但仍然不是世界上最古老的山。这一荣誉称号属于玛空瓦山脉，它位于南非和斯威士兰之间，已经有35亿年的历史了。

左图是北美洲的阿巴拉契亚山脉，它大约有12亿年的历史。

高温下的生命

科学家们曾一度认为地热喷泉温度太高，酸性太强，任何生物都无法在这里生存。现在科学家们发现一些嗜极生物能够在这种条件下生存。地热喷泉滚烫的水中通常含有高浓度的溶解状态的化学物质，这些化学物质可以为嗜极生物提供能量和营养。有一些嗜极生物甚至能在温度高于100℃的环境中生存。

34

间歇泉和泥浆池

正如我们所知，地球的中心是非常热的。地球的热量是由放射性元素的衰变产生的，随着地球的形成，这股热量也在不断地散失。大多数地热系统都位于火山活动活跃的地区或近年来有火山活动的地区。正因如此，炽热的熔岩会使周围地层的水温升高。热水和水蒸气一起从地层裂隙涌出，形成间歇泉、喷泉和冒泡的泥浆池。

背景图展示的是一处间歇泉，它位于新西兰罗托鲁阿的蒂普亚。

地热能

从史前时代开始，人们就用温泉洗浴。在古罗马时代，人们用温泉取暖。现在人们广泛使用温泉发电。地热能成本低廉，是可持续使用的环保型能源。地热能储量巨大，能够满足我们所有的能源需求。开发地热能必须人工钻孔到很深层的地下，成本很高。冰岛和新西兰有着丰富的地热资源，它们对地热能开发利用得最好。

水蒸气

涡轮机

发电机

蓄水池

在地热发电站中，来自地球内部的热量将水加热为水蒸气，水蒸气推动涡轮机转动发电。水蒸气冷却后凝结成的水返回到蓄水池中，准备再一次被加热。

从煤炭开采到煤炭燃烧，都会对环境造成重大影响。露天煤矿的开采会破坏郊区的土地。煤炭燃烧会向大气排放大量二氧化碳和有毒金属（如汞和铅）。

与石油和煤炭相比，天然气的燃烧效率更高，释放的有害物质更少。

化石燃料

石油、天然气和煤炭是三种主要的化石燃料。化石燃料的形成需要数百万年，因此我们称它们为不可再生能源。

世界上80%以上的能源来自化石燃料。化石燃料燃烧会向大气释放大量温室气体，这是导致全球变暖的主要原因。

泡澡

人们喜欢在温泉里泡澡，泡澡能够帮助人们释放压力、改善睡眠、缓解身体疼痛，有益于人们的身体健康。在日本，一群雪猴也爱上了在温泉里泡澡。在1963年的冬天，人们发现一只年轻的母猴在一家酒店的温泉池中泡澡，很快其他雪猴也都加入了泡澡的队伍。出于对卫生的考虑，公园管理人员决定为雪猴修建专属的温泉池，现在每到冬天雪猴定期就会来这里泡澡。最近的研究表明，泡澡不仅能帮助雪猴保持温暖，泡澡后雪猴的压力也会得到缓解。

河流和湖泊

河流和湖泊中的淡水不到地球表面液态水总量的1%。然而河流能够开辟新的河道,将泥沙带到下游,在塑造景观方面发挥了重要作用。河流和湖泊是水循环的重要组成部分,对交通运输业、工业、农业和人们的家庭生活都非常重要。

湖泊

水在地表的天然洼地中汇聚后便形成湖泊。大多数湖泊是淡水湖,有水流入和流出,但也有少数是咸水湖。咸水湖没有水流出,湖泊中的水不断蒸发,将矿物质(通常是氯化钠)留在水中,使得水逐渐变咸。湖泊之间的大小和深度差别很大,形成方式也多种多样。

图为意大利的科莫湖。

河流

大多数河流发源于山区。在山区,雨水和融化的雪顺着山坡流下来,形成溪流。在重力的作用下,水在地面的裂缝和褶皱中汇集,随着汇入的溪流越来越多,水量也越来越大,河流便形成了。河流流动冲刷岩石,雕刻出独特的景观。当河流到达地势较低的地方时,河道会变宽,河流的速度会减慢。河流蜿蜒地穿过平原,最后流入大海。

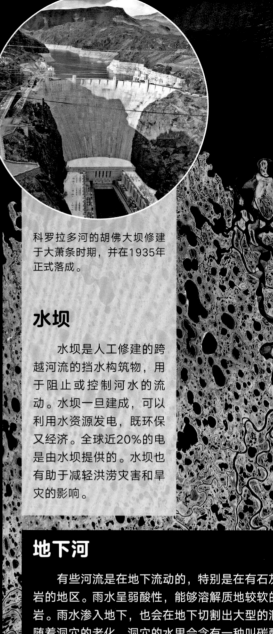

科罗拉多河的胡佛大坝修建于大萧条时期,并在1935年正式落成。

水坝

水坝是人工修建的跨越河流的挡水构筑物,用于阻止或控制河水的流动。水坝一旦建成,可以利用水资源发电,既环保又经济。全球近20%的电是由水坝提供的。水坝也有助于减轻洪涝灾害和旱灾的影响。

地下河

有些河流是在地下流动的,特别是在有石灰岩基岩的地区。雨水呈弱酸性,能够溶解质地较软的石灰岩。雨水渗入地下,也会在地下切割出大型的洞穴。随着洞穴的老化,洞穴的水里会含有一种叫碳酸钙的物质。水沿着洞穴顶部不断滴下,悬挂着的美丽的钟乳石便慢慢形成了。水不断滴到洞底,碳酸钙自下而上沉积,高大的石笋便形成了。

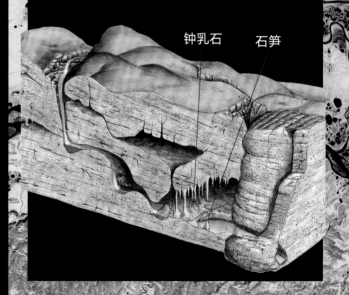

钟乳石　　石笋

三角洲

当河水流动的时候，会携带着细小的石子和泥沙一起流动，这些石子和泥沙被称为沉积物。当河流到达更大的水体（如海洋）时，河水携带的沉积物堆积下来，逐渐形成被称为三角洲的湿地区域。在三角洲地区，河流被分成许多更小的溪流，呈扇形向外扩展，散布在广阔的土地上。河口三角洲不仅拥有肥沃的农田，还便于人们到达港口进行贸易和捕鱼活动，因此人们通常在河口三角洲地区建造城市。三角洲是低洼地区，尤其是在全球变暖导致海平面上升的情况下，该地区更容易遭受洪涝灾害。

湿地

湿地是地表有浅层积水的地带，包括沼泽、滩涂、洼地等。湿地通常位于河口三角洲地区，沿着湖泊和海洋的边缘，或在洪水经常泛滥的低洼内陆地区。湿地的水可以是淡水、半咸水或咸水。湿地生长着适应当地潮湿环境的特殊植物，如红树植物。这里还是多种动物（尤其是鸟类）的家园。但湿地这个重要的生态系统已受到城市污染的威胁，人们正在努力保护它。

湖泊的种类

地壳中褶皱或弯曲处容易发生断层而出现凹陷，凹陷的地方逐渐蓄水便形成了裂谷湖。

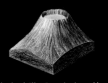

火山喷发后，火山口的凹陷处形成的深水湖为火山湖。也有火山湖是因火山熔岩阻塞河道形成的。

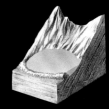

冰川湖是高山湖泊，它是由冰川侵蚀出的洼地积水而形成的。

风蚀湖多形成于沙漠中，是当风侵蚀出的洼地积水形成的，也被称为沙漠中的绿洲。

当河道的一个曲流被直流的河道所代替（截弯取直），被切断的旧河道形成的湖泊称为牛轭湖。

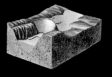

在水坝后面形成的人工湖，用于发电或控制洪水。

干旱的土地

  沙漠的降雨量很少，那里几乎没有植被，是一片荒凉的地方。许多沙漠被一望无际的沙丘覆盖，另外一些沙漠主要是由裸露的碎石和干涸的盐湖床组成。沙漠出现在年降水量少于250毫米的地区。有些沙漠属于亚热带沙漠，全年气温都很高，例如非洲北部的撒哈拉沙漠。还有一些沙漠在经历极度寒冷的冬季后会迎来非常炎热的夏季，因此被称为寒冷沙漠，例如智利的阿塔卡马沙漠、亚洲中部的戈壁沙漠。

沙漠中的生活

  沙漠是极具挑战性的环境，这里的动植物比大多数地方的都要少。能够在沙漠这种极端环境中生存的物种通常会有特殊的适应能力。骆驼一次可以喝下多达75升的水。骆驼将水储存在血液里，而不是在驼峰里。蝎子会钻入沙子下面以保持身体的凉爽，并从猎物中获得它们所需的大部分水分。耳廓狐白天会待在地下凉爽的洞穴里，躲避沙漠的灼热。耳廓狐的耳朵非常大，有利于散热；足毛浓密，防止它们被灼热的沙子烫伤。

在白天，沙漠表面能吸收90%的太阳光。

白天与黑夜

在夜晚，沙漠表面会散失掉白天吸收热量的90%。

世界沙漠分布图

气候变化、干旱、过度使用土地以及土壤侵蚀等多种因素可能会造成土地沙漠化或者沙漠环境的蔓延。

■ 沙漠

背景图是撒哈拉沙漠中连绵起伏的红色沙丘。撒哈拉沙漠是世界上面积最大的沙漠，它所覆盖的土地面积接近于中国的国土面积。

左图：智利的阿塔卡马沙漠是世界上最干旱的沙漠，沙漠中的一些地方从未下过雨。

沙漠的类型

针对沙漠，我们有很多分类方法。根据温度，沙漠可以分为炎热沙漠和寒冷沙漠。一些沙漠被称为半干旱沙漠，因为这些沙漠虽然气候非常干燥，但仍有足够的水分供植物生长。在海边形成的沙漠被称为沿海沙漠，这里虽然不下雨，但海洋产生的像雾一样的湿气会给沙漠带来水分。

下图：像北美洲的索诺拉沙漠这样的半干旱沙漠，一些植物（如仙人掌）可以在这里生存，它们能够适应非常干燥的环境。

上图是美国犹他州的莫纽门特谷地景观。这里壮观的地貌是由几个世纪以来风和水的侵蚀作用共同塑造的。

左图是一块被称为波浪的砂岩，它位于美国亚利桑那州。砂岩的U形槽是被风侵蚀形成的。

侵蚀

长时间的侵蚀和风化塑造了壮观的沙漠景观。强风携带着细沙吹过岩石，岩石中比较柔软的部分渐渐被磨损，只留下比较坚硬的部分。沙漠中很少出现风暴，风暴一旦来临，往往狂风肆虐，具有极大的破坏力，所到之处一片狼藉。风暴带来的降水能填满长期干涸的小溪和河床。

世界草原和苔原分布图

北回归线
赤道
南回归线

☐ 热带草原　　☐ 温带草原　　■ 苔原

草原和苔原

　　地球表面的广大区域被天然草地所覆盖。除南极洲以外，每个大陆都有草原，但因生长地点不同，草原的形态差异很大。草原的植被以乔木和灌木为主。苔原覆盖了地球表面最冷的区域，如南极和北极附近的极地地区。苔原的植被以低矮植物为主，乔木和灌木很少。

非洲大草原是许多食草动物和食肉动物的家园。常见的食草动物包括：水牛、牛羚、斑马、犀牛、长颈鹿和大象。常见的食肉动物包括：狮子、猎豹、豺狼、野狗和鬣狗。

苔原

　　在被苔原覆盖的极地地区，一年中的大部分时间里表层土壤都是冰冻状态。底层土壤通常是永冻土，土壤全年都保持冰冻状态。苔原植物的生长季节非常短暂，典型的植物包括草类、苔藓和地衣。苔原也分布在高山树木线之上的区域，这里的自然环境十分恶劣，只有很少的动物在这里生活。

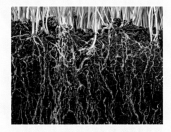

上图：温带草原的草类根系较深，这些根系不断生长和腐烂，为土壤提供了丰富的营养物质。温带草原拥有世界上最肥沃的土壤。

左上图为芬兰北部拉普兰的苔原景观。拉普兰一年中有200多天都在下雪，只有6月至9月期间是短暂的植物生长季。

温带草原

温带草原通常分布在远离大海的大陆内部地区，这里夏季炎热、冬季寒冷。夏季气温高于38℃，冬季降雪使气温低至-40℃。大部分降雨发生在春季和初夏。这里土层深厚、土壤肥沃。植物以草为主，兼有少量乔木或灌木。温带草原可以供养大量的动物，尽管动物的物种数量并不庞大。温带草原包括北美大草原、欧亚大草原、阿根廷的潘帕斯草原等。

上图展示的是欧亚大草原的一部分。这片辽阔的草原横跨亚洲，一直延伸到欧洲。

热带草原

热带草原主要分布在赤道附近，覆盖了非洲、澳大利亚和南美洲的大片地区。热带草原的植被以草为主，零星生长着灌木或低矮的乔木。热带草原的土壤较疏松，一层薄薄的腐殖质为植物提供营养。热带草原全年高温，分干湿两季。这里生活着各种各样的野生动物。

世界森林分布图

北回归线
赤道
南回归线

■ 热带森林　　■ 温带森林　　■ 泰加林（北方针叶林）

背景图展示的是热带森林景观。热带森林中生活着种类繁多的动植物。热带森林一旦被破坏，许多物种会因为无处生存而灭绝。

森林

地球表面森林覆盖率约为30%。森林在净化全球水和空气，调节气候，防止土壤侵蚀方面起到了至关重要的作用。森林也是种类繁多的动植物生活的家园。除此之外，森林还为人们建造房屋、制造家具、生产纸张等提供木材。

热带森林

热带森林分布在靠近赤道的区域，这里终年高温。大部分热带森林是潮湿的、植物全年旺盛生长的雨林，但也有一些其他种类的森林。例如，非洲热带稀树草原上较为干燥的、季节性生长的森林，澳大利亚的桉树林，以及生长在较高海拔地区，适应较凉爽气候的云雾林。这些森林共同组成了世界上大约一半的森林。热带森林是大量动植物的家园，其中许多物种还没有被科学地命名或描述。我们目前使用的药物中有25%都来自热带森林。例如，生长在马达加斯加的长春花可用于治疗好几种类型的癌症，抗疟疾的药物奎宁来自生长在安第斯山脉的金鸡纳树的树皮。

温带森林

　　温带森林生长在温暖的热带和冰冷的寒带之间的地区，在南半球和北半球均有分布。温带森林大部分是落叶林，树木会在秋天落叶，而在冬天变得光秃秃。森林中的树木被称为阔叶树，如橡树、枫树和山毛榉。在一些地区，还分布着常绿的温带森林，树木以针叶树为主。温带森林的生长区域也是人口密集的区域。几个世纪以来，人们为了开垦农田，砍伐了很多森林。现在人们常常采用选择性砍伐和植被更替的方法管理温带森林。

秋天来临的时候，温带落叶林会呈现出精彩的景象。树木逐渐切断供应叶片的养分，叶片会变成各种深浅不一的红色、黄色和金色，最终枯萎变黄，掉落到地上。

地球之肺

森林因为产生了大量氧气，通常被比喻为地球的肺。植物体内的叶绿素在阳光的照射下，会将水（通过根部吸收）和二氧化碳（通过叶片吸收）转化为有机物质和氧气。人类和动物吸入氧气，呼出植物所需的二氧化碳。

泰加林

　　泰加林（又称北方针叶林）面积非常大，横跨整个北半球的北方大陆。泰加林主要由松树、云杉和冷杉等常绿针叶树组成。大片地区的泰加林被砍伐用于生产木材、纸张等。这些森林也受到污染和气候变化的不良影响。随着全球气温的升高，泰加林的最南端正逐渐被草原或温带森林所替代。

加拿大具有广大的泰加林带，这里的冬天非常寒冷。

大陆冰川

覆盖南极洲和格陵兰岛的大陆冰川储存着地球99%以上的淡水冰。冰川从最厚的地方流向边缘，边缘部分的冰川可能只有几百米厚。

背景图展示的是位于南美洲巴塔哥尼亚的佩里托莫雷诺冰川。这个冰川是世界上为数不多的正在增长的冰川之一，大多数冰川都在消融。

在南极洲附近的帕默群岛，你可以看到一座巨大的平顶冰山。平顶冰山有陡峭的侧面和平坦的顶部。

冰川

冰川是由多年积雪经过压实，重新结晶，再冻结等成冰作用而形成的。冰川移动速度非常缓慢，但它们一直在不断前进。冰川主要有两种类型：山岳冰川和大陆冰川。大部分冰川都是山岳冰川，但大陆冰川的规模比山岳冰川大。

不可思议的冰川事实

* 如果所有冰川都融化，全球海平面将上升约70米。
* 导致泰坦尼克号沉没的冰山来自格陵兰岛的大陆冰川。
* 一座巨大的冰山从南极大陆崩离，冰山长度约为80千米。
* 冰川冰的冰晶能够像棒球一样大。

山岳冰川

山岳冰川形成于山谷中，冰川受到重力作用会沿着山坡向下流动。如果冰川形成的速度大于消融的速度，冰川就在增长。如果气温升高，冰川可能会变小，甚至完全融化。

左图显示的是一个大型的山岳冰川。在右图中，你可以看到冰川融化后留下的景观。山顶的冰斗已被侵蚀凹陷，在高处形成了冰斗湖。

冰川冰

年复一年的冰雪累积，缓慢地形成冰川。刚下的雪（A）中约有80%是空气。随着积雪越来越多，新雪紧压下层积雪，使下层积雪反复融化和冻结，在此过程中下层积雪中的空气越来越少。1~2年后的积雪（B）中空气含量约为50%，这样的雪被称为粒雪。4~15年后的积雪（C）已经变成质地紧密的冰川冰，其空气含量低于20%。有些冰川中的冰已有数千年的历史了。

背景图展示的是一处梯田景观。梯田可以层层阻拦灌溉时的径流，避免水土流失。在缓坡修建梯田是可持续农业的一个典型策略。但是，修建和维护梯田需要人们花费大量的时间和精力。

农业活动和工业活动

农业活动和工业活动对我们的地球产生了巨大的影响，这其中既有好的影响也有坏的影响。人类在一万年前才开始耕种。早期的农民只为自己的家庭种植农作物。如今，地球表面超过三分之一的土地都被用于农业活动。各种工业活动为农产品的收获、加工、包装、运输和销售提供服务。工业活动还包括建造房屋，制造汽车、玩具以及我们需要的一切物品。多亏了现代农业和工业，世界上越来越多的人过上了比以前更健康的生活。

工业革命

大约250年前，欧洲人民的生活方式发生了改变。在那之前，五分之四的欧洲人口都是农民。剩余的五分之一中大部分是小商铺的工匠和商人。然而这一切在短短几年内都发生了变化。人们都搬进了城市，并且进入工厂工作，这就是工业革命。工业革命源于英国，很快扩散到欧洲和北美洲，之后逐渐扩散到世界各个地方。近几十年来，中国等亚洲国家的工业化速度很快，预计不久就会超过西方国家。

1814年，英国工程师乔治·斯蒂芬森设计并制造了一辆蒸汽机车，它可以在轨道上运行并从矿井向外运输煤炭。

粮食生产

20世纪初期世界人口为16.5亿，到了2018年年中世界人口已经增长到76亿。尽管科学家们预测这种人口增长速度会导致饥荒，但实际上当今世界人均粮食产量比30年前增加了17%。虽然有足够的粮食分给每一个人，但并不是每个人都能得到粮食。

当今世界上有近十亿人没有足够的食物，这并不是因为粮食产量不够，而是因为贫困、战争、不平等和腐败导致了饥饿。

景观的影响

从土地的耕作方式到农民对待土地的态度，农业活动通过多种方式影响着景观。管理良好的可持续农业可以改善土壤健康状况、预防水土流失、保护动植物栖息地以及节约水资源等。错误的耕作方式会引起土壤侵蚀、污染水资源和土地、破坏当地动植物栖息地。

刀耕火种农业通常会对环境造成破坏。在这种耕作方式中，农民砍伐和焚烧某一区域的森林，之后的几年在这片土地上进行农业活动。土壤肥力下降后，农民会移动到下一个区域继续刀耕火种。

左图：废物处理是许多工业活动面临的问题。工厂被禁止直接向河流和海洋倾倒废物，否则会受到处罚。

下图：工业废气若不经过处理就排放到空气中，会对环境造成污染。

工业的影响

　　工业化对地球产生了巨大的影响，它改变世界的程度比任何其他人类活动都剧烈。工业化带来大型工厂建设的同时也带来了可怕的污染，这些污染曾使欧洲和北美洲的许多城镇不堪重负，直到人们采取措施控制住了污染。工业化促进全球贸易和城市的发展，从而创造了我们熟悉的城市化的、相互联系的世界。工业化带来了很多问题，也解决了很多问题。

下图为斯洛伐克一个整洁的自动汽车装配线。近年来，欧洲和北美洲的许多重工业公司已被高科技公司所取代。高科技公司对环境的影响相对较小，但仍需考虑污染和废弃物处理问题。

未来是机器人的天下吗？

背景图展示的是日本东京的城市景观。

世界人口分布

乡村

城市

100%
90%
80%
70%
60%
50%
40%
30%
20%
10%
0%

1950 1960 1970 1980 1990 2000 2010 2020 2030 2040 2050

城市

　　两百年前，世界上只有百分之二的人口居住在城市。如今，世界上超过一半的人口都是城市居民。近几十年来，除了少数城市人口下降，大多数城市人口都在持续增长，有些城市人口增长速度惊人。城市的快速扩张将所覆盖的大面积的土地变成了混凝土的硬地，除此之外还加重了环境污染、加剧了气候变化等等。

城市热岛效应

　　大城市中心区域的温度通常比周围郊区要高得多。城市中，汽车、火车和建筑物会散热，例如混凝土结构和砖体结构的建筑物在白天吸收阳光，在夜间释放热量。热岛效应引起了城市小气候变化，并导致污染增加。噪声污染也是许多城市存在的一个问题。

世界十大城市人口数量

　　人们通常用城市人口数量或城市占地面积来衡量一个城市的大小。下面是当今世界人口规模最大的十个城市的名单。

城市	人口数量
1. 东京	37,468,000
2. 德里	28,514,000
3. 上海	25,582,000
4. 圣保罗	21,650,000
5. 墨西哥城	21,581,000
6. 开罗	20,076,000
7. 孟买	19,980,000
8. 北京	19,618,000
9. 达卡	19,578,000
10. 大阪	19,281,000

数据来源：联合国2018年世界人口报告。

下图为一张风格简洁的城市天际线海报，海报上画的是尼日利亚的拉各斯。拉各斯可能是地球上发展最快的城市。据一些报道称，拉各斯约有65%的人生活在贫困中。

拉各斯

快速增长

许多国家的城市发展速度太快，以至于市政府无法跟上城市发展的脚步。太多的人涌进城市，市政府无法提供基本的公共服务设施，包括道路、房屋、学校、医院和商店等，这使得人们的生活条件十分艰苦。

下图为巴西里约热内卢贫民窟的色彩斑斓的房子。

趋势

目前，55%的世界人口居住在城市中，预计到2050年这一比例将增加到68%。到2030年，世界将出现43个人口超过1,000万的超大城市。城市人口增长最快的是低收入国家，这些国家的政府无力满足大量流动人口的生活需求。

城市人口百分比

数据来源：世界银行，2017年。

- 8.3% ~ 36.9%
- 36.9% ~ 54%
- 54% ~ 66.2%
- 66.2% ~ 81.9%
- 81.9% ~ 100%

海洋

世界上有四大洋，五十多个海。大西洋、印度洋和太平洋都位于地球的中段，彼此被陆地分隔开来。面积最小的北冰洋位于地球的顶部。海洋覆盖了地球表面三分之二以上的面积，海洋中的水占地球总水量的96.5%。太平洋是面积最大的洋，约占地球表面的三分之一。

图为意大利的海岸城市波西塔诺。地中海地区的城市拥有悠久的历史和独特的共同文化。

海

大多数的海都位于海洋的边缘，海的一部分被陆地包围。也有一些海被陆地完全包围起来，只能通过狭窄的海峡与海洋相连，例如地中海和红海。由于被陆地包围的海与广阔的海洋之间几乎没有海水交换，两者的环境可能截然不同。例如，红海与印度洋通过海峡相连，但红海比印度洋要咸得多。红海中的生物已适应在这种咸水中生活。红海中约有10%的鱼类从未在其他任何地方存在过，包括印度洋。

海洋生物

海洋是世界上23万种已知动植物的家园，但由于许多地区尚未开发，因此海洋中动植物种类可能多达200万种。科学家们认为，浮游植物能为地球大气层提供50%～85%的氧气。

洋流和气候

海洋在塑造陆地气候方面发挥着重要作用。即使距离海岸数百千米的地区也会受到洋流的影响。太阳的大部分热量都被海水吸收，特别是在赤道附近的热带海域，那里的海洋就像一块巨大的保温太阳能电池板。在主要的洋流系统中，海水通常呈环形流动，在北半球沿顺时针方向流动，在南半球沿逆时针方向流动。洋流像传送带一样，从赤道向两极输送温暖的水，把寒冷的水从两极传向赤道。如果没有洋流，赤道会更热，而两极会更冷。

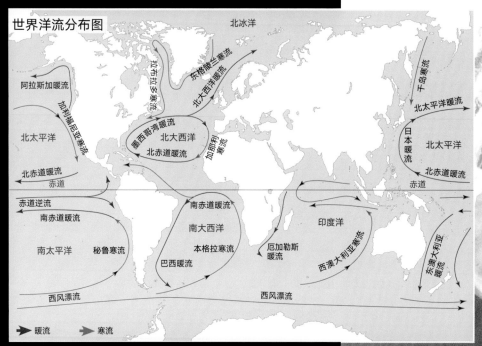

世界洋流分布图

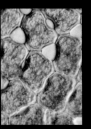

珊瑚礁是脆弱的栖息地，很容易受到破坏。据专家估计，在过去的40年里我们已经失去了世界上一半的珊瑚礁。全球变暖引起的海水温度上升是珊瑚礁受到破坏的重要原因。

珊瑚礁

珊瑚礁占海底的面积不到1%，但那里却生活着25%的海洋生物。珊瑚礁是由微小生物形成的巨大的结构，我们称这种微小的生物为珊瑚虫，它们通常附着在岩石和海底。珊瑚是珊瑚虫分泌出的外壳。越来越多的珊瑚层层堆积，多年后便形成了珊瑚礁。珊瑚礁形成于热带海域，为大量海洋生物提供食物和栖息地。

厚厚的大气层

　　大气就是我们所说的空气，是一种独特的混合气体。因受到地球重力的影响，大气形成一圈厚厚的空气层，环绕着地球。大气被划分为五层，层与层之间有一个清晰的边界。最接近地面的大气底层为我们提供了理想的生存条件。这里的空气由氮气（78%）和氧气（21%）以及一些微量气体组成，这里的气温和气压也很适宜人类生存。

太空跳伞

　　冒险者会从在平流层巡航的宇宙飞船上跳下，以某种方式降落到地面上。在接近地面时，他们会像跳伞运动员一样打开降落伞以减缓降落速度。2012年，奥地利太空跳伞者费利克斯·鲍姆加特纳从3.9万米的高空跳下。他是第一个不用借助飞行器就能突破声障的人。这个太空跳伞高度记录在2014年被美国计算机科学家艾伦·尤斯塔斯打破。他从4.14万米的高空跳下，整整花了15分钟才降落到地面。

图为费利克斯·鲍姆加特纳从太空跳伞时乘坐的太空舱

卫星

陨石

太空跳伞

极光

臭氧层

卫星

臭氧层

　　臭氧是一种气体。在平流层，臭氧天然地集聚在一起，形成臭氧层。臭氧层能够吸收太阳射向地球的大部分紫外线，保护人们的皮肤免受晒伤。在20世纪70年代，科学家们注意到大气中的臭氧含量正在减少，这主要是人类向空气中释放化学物质所致。1989年，破坏臭氧层的化学品被禁止排放到空气中，从那之后，臭氧含量开始逐渐恢复。

科学家们观测到每年春天南极上空的臭氧层都会出现一个空洞。

温室效应

　　地球大气层的温室效应使地球保持适宜的温度，利于生命的生存和繁衍。太阳光每天照射在地球上，穿过大气层到达地面的能量大部分被反射回太空，还有一些能量会被大气层中的温室气体反弹回地球，维持地球表面的温度。但是，在过去的几个世纪里，人类活动增加了大气中温室气体的含量，这使得地球的平均气温上升，也就是所谓的全球变暖。

来自太阳的能量
被反射的能量
温室气体

能量被反射回地面　　废气的排放增加了温室气体的含量

卡门线(100千米以上)：国际公认大气层的上界，卡门线以外就是太空。

散逸层（600~10,000千米）：大气的最外层，由大气渐渐过渡为太空。有些卫星在散逸层活动。

卡门线

散逸层

国际空间站

电离层

航天飞机

电离层（85~600千米）：直接吸收太阳能量，是非常热的一层，温度最高能达到1,900℃！南极和北极地区的极光就发生在电离层。国际空间站在电离层运行。

中间层

中间层（50~85千米）：最冷的一层，气温最低能到-90℃。大多数陨石接近地球时，会在中间层燃烧。

平流层

大型客机

平流层（10~50千米）：约占大气总质量的20%。臭氧层就在平流层中。大型客机在平流层飞行。

对流层

对流层（0~10千米）：大气层中密度最高的部分，约占大气总质量的75%。对流层的空气一直在流动。常见的天气现象都发生在对流层。对流层底部的平均温度约为18℃，顶部的平均温度约为-55℃。

世界气候带分布图

热带地区：太阳光直射地面，是地球上最热的地区。这里水分蒸发强烈、空气潮湿。热带草原和热带雨林都位于该地区。

亚热带地区：夏季炎热，冬季温和，极少出现霜冻。世界上许多沙漠都位于该地区。

温带地区：平均温度比亚热带地区低得多。一年中四季分明，昼夜长短变化较大。温带草原和落叶林在该地区很常见。

寒带和亚寒带地区：获得的太阳能量比其他任何地方都要少。昼夜长短变化相当大，夏季适宜植物生长的时间很短暂。

气候带

由于到达地面的太阳能量具有差异，地球表面可以划分为4个气候带。气候带的分布与赤道大致平行。不同的气候带产生了不同的环境。

气候

天气是大气中经常发生的自然现象。气候是某一地区多年平均的天气状况。天气可能在短短几个小时内发生变化，但自然气候的变化是在数百年甚至数千年的时间里慢慢产生的。

为什么各地气候不同？

一般来说，气候随纬度的变化而变化。局部气候的差异可能与距离海洋的远近有关，也可能与附近高山的影响有关。

54

山脉可以影响附近区域的气候。当空气从山脚向山顶爬升时，空气携带的水分会以雨或雪的形式降落。水分流失使得空气变得温暖干燥。温暖干燥的空气沿着山脉的另一侧滑下来，于是山脉的"影子"区域就形成了一片沙漠。

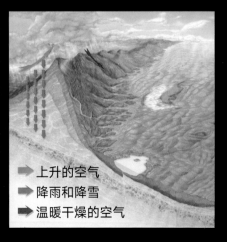

➡ 上升的空气
➡ 降雨和降雪
➡ 温暖干燥的空气

寒带

寒带地区的冬季寒冷、黑暗而且十分漫长。夏季凉爽，非常短暂。这里全年都被积雪覆盖。

温带：凉爽的大陆性气候

温带地区冬季严寒、夏季炎热。降雨主要发生在夏季。欧亚大草原和北美大草原都属于温带气候。

热带：终年高温的气候

热带地区全年高温，雨量充沛，这里适合热带雨林植物的生长。

亚热带：地中海气候

地中海气候有悠长的夏日时光。这里的夏季炎热干燥，冬季温暖湿润。

亚寒带：高山

一旦达到一定的海拔高度，世界各地高山地区的气候都会变成寒冷的、树木无法生长的亚寒带气候。

亚寒带：苔原

苔原的夏季非常短暂。夏季苔原上生长着矮草和浆果（如蓝莓），它们在寒冬到来之前迅速开花结果。

热带：干季和湿季

非洲的热带稀树草原有两个明显不同的季节：干季和湿季。图中显示的是湿季结束后的热带草原。

亚热带：沙漠

沙漠分为炎热沙漠和寒冷沙漠。两种沙漠的共同点是降水量非常少，大部分植物无法在这里生长。一些沙漠地区多年没有降雨。

热带：炎热的季风气候

印度的气候类型是热带季风气候，它有两个季节：炎热、潮湿的夏季和降水稀少、气温凉爽的冬季。

厄尔尼诺

南美洲附近的太平洋海域温度通常较低。但在圣诞节前后，这片海水的温度剧烈变暖，因此当地人将这种现象称为厄尔尼诺。数千年来，在太平洋海域这种反常的现象曾经多次出现。

下图：在厄尔尼诺年份，信风力量较弱，风甚至会变为从西向东吹。温暖的表层海水堆积在南美洲西海岸附近，形成更多的云，这些云在沿岸地区产生更多的降雨。而澳大利亚一侧的地区会变得十分干旱。

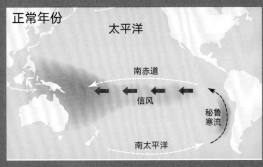

正常年份

太平洋

南赤道

信风

秘鲁寒流

南太平洋

上图：在正常年份，太平洋上的信风是从东向西吹的。风将秘鲁沿岸温暖的表层海水吹向澳大利亚，而更深层的、较冷的海水会补充上来。

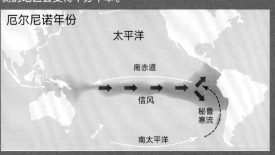

厄尔尼诺年份

太平洋

南赤道

信风

秘鲁寒流

南太平洋

天气

天气是指一定区域一定时间内大气中发生的各种气象变化。风、雨、雪、冰雹等都属于天气现象。准确预测天气状况对航空、航运和农业等许多行业起着至关重要的作用。

右图是一个老式的气压表。气象学家仍然使用气压表预测短期内天气的变化。

季风

在一些热带和亚热带地区，季风气候大约在每年的同一时间发生。季风的方向随季节发生改变。夏季的季风是从海洋吹向陆地，因此会带来大量降雨。有时降雨过多，会导致洪水泛滥。很多亚洲和非洲的农民依靠季风的规律种植农作物，以确保粮食大丰收。

天气预报

气象站使用雷达观察风暴或其他恶劣天气现象。

天气预报是一门非常实用的应用科学，人们设法预测今天、明天或下一周的天气状况。研究天气的科学家被称为气象学家，他们利用一系列科学和技术来提供准确的天气预报，并通过广播的形式告知人们。天气预报可以帮助人们提前做好应对措施，避免财产损失和人员伤亡。

卫星监测

气象卫星通常围绕地球运行，或在地球某一个地点上空盘旋，主要收集关于云系和风暴的信息。

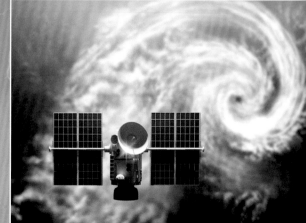

利用气象卫星资料，我们能够确定台风中心的位置，估计台风强度，监测台风移动方向和速度，这些信息可以让人们尽快离开危险地带。

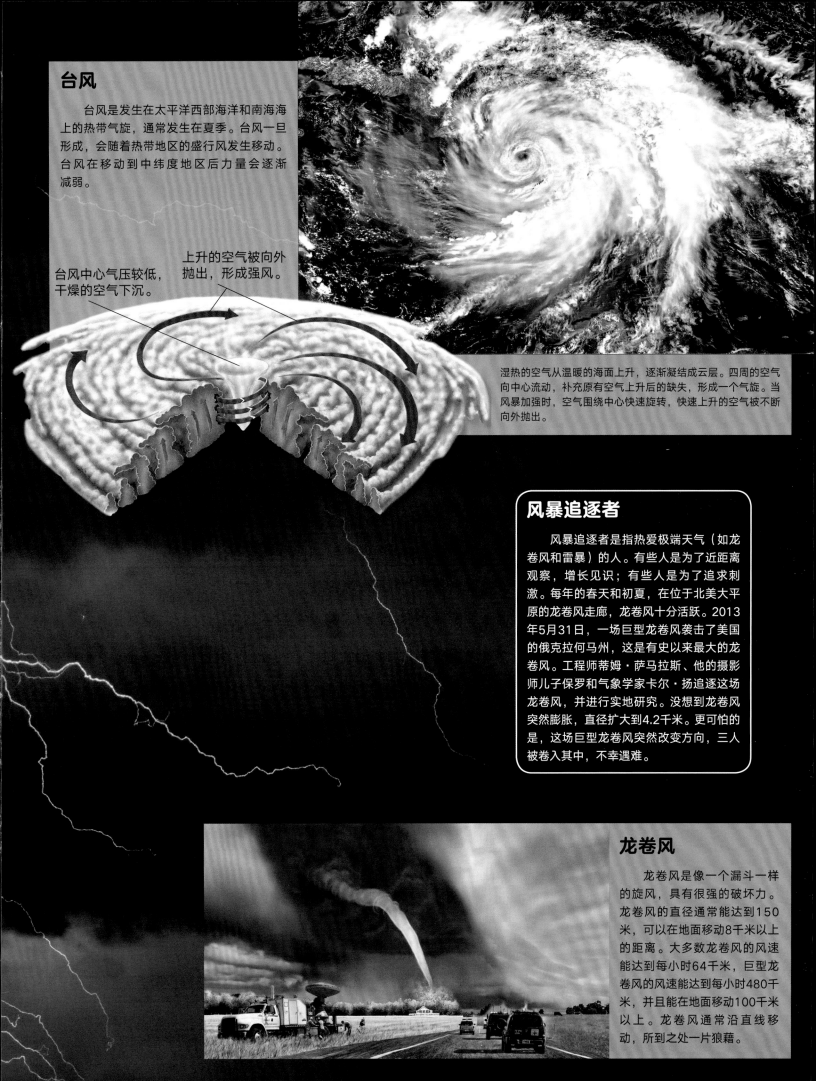

台风

台风是发生在太平洋西部海洋和南海海上的热带气旋,通常发生在夏季。台风一旦形成,会随着热带地区的盛行风发生移动。台风在移动到中纬度地区后力量会逐渐减弱。

台风中心气压较低,干燥的空气下沉。

上升的空气被向外抛出,形成强风。

湿热的空气从温暖的海面上升,逐渐凝结成云层。四周的空气向中心流动,补充原有空气上升后的缺失,形成一个气旋。当风暴加强时,空气围绕中心快速旋转,快速上升的空气被不断向外抛出。

风暴追逐者

风暴追逐者是指热爱极端天气(如龙卷风和雷暴)的人。有些人是为了近距离观察,增长见识;有些人是为了追求刺激。每年的春天和初夏,在位于北美大平原的龙卷风走廊,龙卷风十分活跃。2013年5月31日,一场巨型龙卷风袭击了美国的俄克拉何马州,这是有史以来最大的龙卷风。工程师蒂姆·萨马拉斯、他的摄影师儿子保罗和气象学家卡尔·扬追逐这场龙卷风,并进行实地研究。没想到龙卷风突然膨胀,直径扩大到4.2千米。更可怕的是,这场巨型龙卷风突然改变方向,三人被卷入其中,不幸遇难。

龙卷风

龙卷风是像一个漏斗一样的旋风,具有很强的破坏力。龙卷风的直径通常能达到150米,可以在地面移动8千米以上的距离。大多数龙卷风的风速能达到每小时64千米,巨型龙卷风的风速能达到每小时480千米,并且能在地面移动100千米以上。龙卷风通常沿直线移动,所到之处一片狼藉。

海冰融化会导致海水温度升高和海平面上升。会改变洋流，导致更多的气候变化。它还会破坏当地居民和动物（如北极熊和海象）的生存环境。

陷入困境的行星

地球的气候一直在变化。在过去的70万年中，地球先后出现了7个漫长而寒冷的时期，我们称之为冰河时代。最后一个冰河时代大约在7,000年前结束。早前地球轨道的细微变化影响了地球对太阳能量的接收，从而引起了地球气候变化。当前全球变暖的主要原因是人类扩大了温室效应。人类排放温室气体使地球表面温度升高，而大气层阻碍了地球表面的能量向太空辐射，导致全球变暖。

温度不断升高

在20世纪的100年中，全球地面空气温度平均上升了0.4~0.8℃，根据不同的气候情景模拟估计未来100年中，全球平均温度将上升1.4~5.8℃。

否认者

有些人否认气候变化，或者认为气候变化不是由人类活动引起的。但超过97%的气象学家认为，当今人类活动已经引起剧烈的气候变化，这会对地球产生很多不利的影响。

海平面上升

随着海平面的上升，低洼地带可能会被海水完全淹没。人口密集的地区，如孟加拉国首都达卡和东南亚的湄公河三角洲，尤为危险。

冰在融化

北冰洋的海冰面积正在大幅度减少。科学家们预测，在不久的将来，北冰洋的海冰会在夏季完全融化。卫星图像显示，南极洲的陆冰也在加速融化。

冰川后退

世界各地的山岳冰川都在迅速缩小。一些地区的冰川已经完全消失了。

冰川融化使得更多的水注入海洋。而且海水变暖，体积也会膨胀，这导致全球海平面上升的速度变得更快。

海洋水温升高

海洋吸收了温室气体排放产生的大部分热量，有助于推迟气候变化的发生，但这也导致了海洋变暖，海水温度上升。

海洋变暖会影响全球气候模式，产生更强的热带风暴，还有可能影响鱼类等海洋生物的生存。海洋变暖也是海平面上升的主要原因之一。

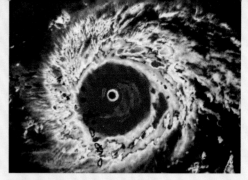

越来越多的证据表明，由于全球变暖，台风变得越来越强。

极端天气

气候变暖会改变原有的天气模式，使湿润的地区更加潮湿，干旱的地区更加干旱。

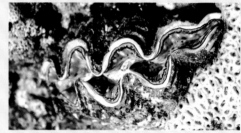

海洋酸化会威胁贝类动物的生存。

海洋酸化

海洋通过吸收大量的二氧化碳和多余的热量，帮助减缓全球变暖的速度。然而，这也改变了海水的化学性质。海水变得更酸，不再适合海洋中的动植物生存。

每年地球上的树木会从大气中吸收近一千亿吨的二氧化碳。

拯救树木

地球上的树木正在以前所未有的速度迅速死亡。树木数量的下降影响着地球的碳循环。近年来，大气中二氧化碳的浓度急剧升高，导致温室效应日益增强。

积雪的减少

根据卫星图像显示，过去的50年里，北半球春季积雪面积一直在减少，而且积雪融化得越来越早。

大面积的积雪有助于调节地球表面的温度。积雪融化后为河流和水库注入宝贵的淡水。

图片来源

t 页面上方；*c* 页面每行中间；*b* 页面底部；*m* 页面腰部；*r* 页面右边；*l* 页面左边；*bkgrnd* 背景

封面

正封 *Title* Shutterstock/KorArkaR; *t* Shutterstock/saiko3p; *c* McRae Books/Matteo Chesi; *cf* NASA; *b* Shutterstock/Vlad61

书脊 Shutterstock/Sebastian Janicki

封底 *Title* Shutterstock/KorArkaR; *t* Corbis/Grazia Neri; *b* Shutterstock/Zhukova Valentyna

1 Shutterstock/sharptoyou

2-3 Shutterstock/Skreidzeleu

4-5 Shutterstock/HelloRF Zcool

6 *l* Shutterstock/Rattana; *c* Shutterstock/Zoltan Pataki

6-7 *bkgrnd* Shutterstock/Kyle Kephart

7 *t* Shutterstock/scigelova; *b* Shutterstock/ParabolStudio/NASA

8 *l* Shutterstock/Denis Tabler/NASA

8-9 *bkgrnd* Shutterstock/Denis Tabler/NASA

9 *bl* NASA; *br* NASA

10 *l* Shutterstock/Triff

10-11 *c* Shutterstock/Diego Barucco

11 *t* hutterstock/Peter Hermes Furian; *b* Shutterstock/Peter Hermes Furian

12 *l* Shutterstock/Art_Mol; *t* hutterstock/Dmitry Pichugin; *cl* Shutterstock/Roman Bodnarchuk; *cm* Shutterstock/AlexLMX; *cr* Bede735c; *mcl* Shutterstock/Oleksii Biriukov; *mcr* Shutterstock/Fokin Oleg; *bl* Shutterstock/Vitaly Raduntsev; *bc* Shutterstock/Sebastian Janicki; *br* Shutterstock/Kletr

12-13 *bkgrnd* Shutterstock/Sebastian Janicki

13 *t* Shutterstock/Ellen Bronstayn; *bl* Shutterstock/Pung; *bc* Shutterstock/Nikitin Victor; *br* Shutterstock/SAPhotog

14 *l* Shutterstock/Mopic; *t* Shutterstock/Designua

14-15 *bkgrnd* NASA/PIA03376_lrg

15 *tl* Shutterstock/Peter Hermes Furian

16 *l* Shutterstock/Maridav; *tl* Shutterstock/S.Bachstroem; *tc* Shutterstock/S.Bachstroem

16-17 *bkgrnd* McRae Books/Ivan Stalio

17 *tr* J M Watson, U.S Geological Survey

18 *l* Shutterstock/StevanZZ; *b* Shutterstock/kbwinn

18-19 *bkgrnd* Shutterstock/Shay Yacobinski

19 *tl* Shutterstock/corlaffra; *tr* Shutterstock/corlaffra; *c* Shutterstock/bjul; *b* Shutterstock/Berzina

20 *l* Shutterstock/guentermanaus; *c* Shutterstock/Triff; *b* Shutterstock/Nikolas_jkd

20-21 *bkgrnd* Shutterstock/Lysogor Roman

21 *b* Galeria del Ministerio de Defensa del Perú

22 *l* Shutterstock/sebra; *t* Shutterstock/kubais; *c* Shutterstock/Meder Lorant; *bl* Shutterstock/Andrii Romanov; *br* Shutterstock/vallefrias

22-23 *bkgrnd* Shutterstock/K.Narloch-Liberra

23 *t* Shutterstock/Deyan Georgiev; *b* McRae Books/Studio Stalio

24 *l* Shutterstock/LedyX; *t* Shutterstock/Kateryna Kon; *c* Shutterstock/Mariangela Cruz

24-25 *bkgrnd* Shutterstock/Delbars

25 *b* McRae Books/Studio Stalio

26 *l* Shutterstock/Smileus; *t* Shutterstock/Vlad61; *c* Shutterstock/William Booth; *b* Shutterstock/Elizabeth Grieb; *b (below)* Shutterstock/Jonathan Pledger

27 *t* Shutterstock/Richard Whitcombe; *c* Shutterstock/Richard Whitcombe; *b* Shutterstock/Rich Carey

28 *l* Shutterstock/La Gorda; *t* Shutterstock/Yarr65; *b* Shutterstock/Naeblys

28-29 *bkgrnd* Shutterstock/Fotos593

29 *t* Shutterstock/Somjin Klong-ug-kara; *c* Shutterstock/Marco Rubino; *b* Shutterstock/IgorZh; *b* Shutterstock/corbac40

30 *l* Corbis/Grazia Neri; *t* Shutterstock/Allen.G

30-31 *bkgrnd* McRae Books/Matteo Chesi

31 *b* Shutterstock/rweisswald

32 *l* Shutterstock/Craig Hanson

32-33 *bkgrnd* Shutterstock/Ales Krivec

33 *t* Shutterstock/Vixit; *ct* Shutterstock/Boyd Hendrikse; *br* Shutterstock/Philip Schubert; *bl* Shutterstock/Dave Allen Photography

34 *l* Shutterstock/Naruedom Yaempongsa; *t* Shutterstock/Dmitry Pichugin; *b* Shutterstock/Chanwit Whanset

34-35 *bkgrnd* Shutterstock/adkana

35 *tl* Shutterstock/abutyrin; *tr* Shutterstock/Dmitriy Kuzmichev; *cl* Shutterstock/Designua; *cr* Shutterstock/Rudmer Zwerver; *br* McRae Books/Studio Stalio

36 *l* Shutterstock/Epidote; *t* Shutterstock/nootprapa; *c* Shutterstock/Andrew Mayovskyy; *bl* Shutterstock/Alewtincka; *br* McRae Books/Studio Stalio

36-37 *bkgrnd* NASA

37 *c* Shutterstock/higrace; *r* McRae Books/Studio Stalio

38 *l* Shutterstock/Josemaria Toscano

38-39 *bkgrnd* Shutterstock/Anton Petrus

39 *t* Shutterstock/Ksenia Ragozina; *c* Shutterstock/Anton Foltin; *br* Shutterstock/Zhukova Valentyna; *bl* Shutterstock/tobkatrina

40 *l* Shutterstock/Danita Delmont; *tr* Shutterstock/Patrick Lienin; *b* McRae Books/Antonella Pastorelli

40-41 Shutterstock/Javier Hueso

41 *tl* Shutterstock/ER_09; *tr* Shutterstock/Dmitry Fch

42 *b* McRae Books/Antonella Pastorelli

42-43 *bkgrnd* Shutterstock/Stephane Bidouze

43 *t* Shutterstock/Ondrej Prosicky; *b* Shutterstock/EhayDy

44 *l* Shutterstock/Ethan Daniels; *t* Shutterstock/Andreea Dragomir

44-45 *bkgrnd* Shutterstock/saiko3p

46 *l* Shutterstock/Zhao jian kang; *br* Shutterstock/TimeTravellerPhoto

46-47 *bkgrnd* Shutterstock/DnDavis

47 *tl* Shutterstock/Brais Seara; *tr* Shutterstock/Balu; *c* Shutterstock/Nataliya Hora; *b* Shutterstock/Phonlamai Photo

48 *l* Shutterstock/turtix; *tl* Shutterstock/Borodatch; *tl (below)* Shutterstock/alexdndz; *b* Shutterstock/testing

48-49 *bkgrnd* Shutterstock/Supanee_Hickman

49 *tl* Shutterstock/ShustrikS; *tr* Shutterstock/ariyo olasunkanmi; *c* Shutterstock/Skreidzeleu

50 *l* Shutterstock/Rattiya Thongdumhyu; *t* Shutterstock/Atakan Yildiz; *c* Shutterstock/Lina Harb; *b* Shutterstock/Rainer Lesniewski

50-51 *bkgrnd* Shutterstock/Sky Cinema

51 McRae Books/Antonella Pastorelli

52 *l* Shutterstock/3Dsculptor; *t* Shutterstock/lexaarts; *cl* Shutterstock/Erkki Makkonen; *cc* Shutterstock/trabantos; *cr* Shutterstock/Zenobillis; *bl* Shutterstock/Phonlamai Photo; *bc* NASA; *bcr* Shutterstock/ComicSans; *br* Shutterstock/Nada Sertic/NASA

52-53 *bkgrnd* Shutterstock/VectorMine

53 *t* Shutterstock/daulon; *cl* Shutterstock/Nerthuz; *cr* Shutterstock/Nerthuz; *b* Shutterstock/Brian Kinney

54 *l* Shutterstock/Lukas Juocas; *r (top to bottom)* Shutterstock/Alexey Suloev; Shutterstock/turtix; Shutterstock/Quick Shot; Shutterstock/JGA; *bl* McRae Books/Matteo Chesi

55 *tl* Shutterstock/Olga Strakhova; *tr* Shutterstock/Austin Chiatto; *cl* Shutterstock/L. Powell; *cr* Shutterstock/shuttJD; *cbl* Shutterstock/MonoRidz; *cbr* Shutterstock/arun sambhu mishra; *b* Shutterstock/Designua

56 *t* Shutterstock/Daniel Requena Lambert; *cr* Shutterstock/petroleum man; *cl* Shutterstock/Niamy; *b* Shutterstock/solarseven

56-57 *bkgrnd* Shutterstock/Sasa Prudkov

57 *t* Shutterstock/elRoce/NASA; *c* McRae Books/Studio Stalio; *b* McRae Books/Lorenzo Cecchi

58 *l* Shutterstock/Artisticco; *c* Shutterstock/Sk Hasan Ali; *b* Shutterstock/Bernhard Staehli

58-59 *bkgrnd* Shutterstock/FloridaStock

59 *t* Shutterstock/Trong Nguyen; *c* Shutterstock/Shin Okamoto; *bl* Shutterstock/wk1003mike; *bc* Shutterstock/Creative Travel Projects

60 *l* Shutterstock/Allen.G